乡村振兴战略背景下的山区高效节水灌溉关键技术研究

雷薇　杨春友　张和喜　彭尧尧　王永涛 等　编著

中国水利水电出版社
www.waterpub.com.cn
·北京·

内 容 提 要

本书分析了乡村振兴战略内涵和外延意义，结合贵州乡村实际情况及农业供给侧改革，总结贵州高效节水灌溉发展历程，研究高效节水灌溉技术、应用和推广问题，提出高效节水灌溉项目效益评价指标体系和方法，并举例进行评价，以促进今后高效节水灌溉长效发展，补齐农田水利的短板，助推贵州实施乡村振兴战略。

本书可作为水利行业从业人员从事相关专业研究和工程技术人员参考作用。

图书在版编目（CIP）数据

乡村振兴战略背景下的山区高效节水灌溉关键技术研究 / 雷薇等编著. -- 北京 : 中国水利水电出版社, 2019.5
ISBN 978-7-5170-7066-5

Ⅰ. ①乡… Ⅱ. ①雷… Ⅲ. ①山地－农田灌溉－节约用水－研究 Ⅳ. ①S275.3

中国版本图书馆CIP数据核字(2018)第251873号

书　名	**乡村振兴战略背景下的山区高效节水灌溉关键技术研究** XIANGCUN ZHENXING ZHANLÜE BEIJING XIA DE SHANQU GAOXIAO JIESHUI GUANGAI GUANJIAN JISHU YANJIU
作　者	雷　薇　杨春友　张和喜　彭尧尧　王永涛　等 编著
出版发行	中国水利水电出版社 （北京市海淀区玉渊潭南路 1 号 D 座　100038） 网址：www. waterpub. com. cn E－mail：sales@waterpub. com. cn 电话：（010）68367658（营销中心）
经　售	北京科水图书销售中心（零售） 电话：（010）88383994、63202643、68545874 全国各地新华书店和相关出版物销售网点
排　版	中国水利水电出版社微机排版中心
印　刷	清淞永业（天津）印刷有限公司
规　格	184mm×260mm　16 开本　8.75 印张　143 千字
版　次	2019 年 5 月第 1 版　2019 年 5 月第 1 次印刷
印　数	0001—1500 册
定　价	**48.00** 元

凡购买我社图书，如有缺页、倒页、脱页的，本社营销中心负责调换

版权所有·侵权必究

《乡村振兴战略背景下的山区高效节水灌溉关键技术研究》

编　委　会

参编人员

雷　薇　杨春友　张和喜　彭尧尧　王永涛

张　辉　张　超　黄　翠　刘　敏　王兴茂

费基勇　张春雷　张　平　古今用　周琴慧

毛玉姣　谭　娟　梁　俐　黄　维　周雨露

邓文强　张友贤　周肇辉　张绪辉　余开友

主要参编单位

贵州省水利科学研究院

贵州省水利厅农村水利水电处

前　言

2018年1月2日，中共中央、国务院发布《中共中央国务院关于实施乡村振兴战略的意见》，强调党对“三农”工作的领导，重视“三农”问题的解决，提出乡村振兴战略。

乡村振兴，产业兴旺是重点。必须坚持质量兴农、绿色兴农，以农业供给侧结构性改革为主线，加快构建现代农业产业体系、生产体系、经营体系，提高农业创新力、竞争力和全要素生产率。贵州是全国“三农”问题突出的省份，农业比重大、农村人口多、农民收入低，农业产业发展小、散、弱的面貌仍未根本转变，产业链条短、产品附加值低的问题依然十分突出，农村地区基础设施、社会事业欠账还比较多。因此仍需夯实农业生产能力基础，全面落实永久基本农田特殊保护制度，加快划定和建设粮食生产功能区、重要农产品生产保护区，完善支持政策；大规模推进农村土地整治和高标准农田建设，稳步提升耕地质量，强化监督考核和地方政府责任。只有坚持农业农村优先发展，推动要素配置、资源条件、公共服务、基础设施向农业农村倾斜，加快补齐农业农村发展短板，才能让改革发展成果更多、更公平地惠及广大农民。

水利是农业的命脉，在深化供给侧结构性改革中，水利被列为九大基础设施建设的首位。供给侧结构性改革意味着调结构、补短板，说明水利特别是农田水利已成农业发展的一块短板。贵州今后水利基础设施建设发展，首先要补齐供水保障能力不足的短板，解决工程性缺水的“瓶颈”制约；其次是按照“节水优先、空间均衡、系统治理、两手发力”水利工作方针，推进和实现农业农村现代化建设；再次是积极推进依法治水管水进程，大力提升水利管理能力和水平，加强农田水利建设，提高抗旱防洪除涝能力，实施国家农业节水行动，加快灌区续建配套与现代化改造，推进小型农田水利设施达标提质，建设一批重大高效节水灌溉工程。

贵州山区高效节水灌溉关键技术研究，是基于贵州乡村振兴、脱贫攻坚、工业强省的发展背景下，继续贯彻落实大扶贫、大数据、大生态三大战略行动，在《国家乡村振兴战略规划（2018—2022年）》和《中共贵州省委 贵州省人民政府关于乡村振兴战略的实施意见》（黔党发〔2018〕1号）的指导下，分析乡村振兴战略内涵和外延意义，结合贵州乡村实际情况及农业供给侧改革，总结贵州高效节水灌溉发展历程，研究高效节水灌溉技术、应用和推广问题，提出高效节水灌溉项目效益评价指标体系和方法，并举例进行评价，以促进今后高效节水灌溉长效发展，补齐农田水利的短板，助推贵州实施乡村振兴战略。

本书由贵州省水利科学研究院雷薇、张和喜、王永涛和贵州省水利厅农村水利水电处杨春友、彭尧尧等编著，参加编写的还有贵州飞翔环保工程有限公司张超（主要编写第五章和第七章）、贵阳学院刘敏、贵州农业职业学院黄翠，以及贵州省水利科学研究院张辉、古今用、周雨露、周琴慧、毛玉姣、谭娟、梁俐、黄维、张友贤、罗雪、邓文强、张春雷等和地州市水务局的相关工作人员

由于编著者的能力所限，成稿时间紧迫，本书介绍的仅是贵州近年来实施的部分高效节水灌溉的主要情况，多许多问题的认识还有待进一步的深入研究，错误和不足之处敬请专家学者、同行同仁批评指正。

雷薇

2018年12月于贵阳

目　录

第一章　乡村振兴战略背景

第一节　我国古代乡村治理

自古以来，我国就是一个农业大国，具有悠久的农业发展历史。我国农业起源始于太古时代，从少数民族聚居开始即利用石器实行刀耕火种，春秋战国时使用铁器进行精耕细作，隋、唐、宋、元利用曲辕犁等农具形成南方的水田耕作技术体系，到明清使用锄、锹、镘、镰等小农具加快耕地的扩展。现代的农业发展广泛应用科学技术，利用现代化农业机器体系进行农业生产，机器作业基本上替代了人畜力作业，有效地减少劳动力投入，较高地提高了生产率。

我国乡村作为农民生产和生活的场所，是农业发展的载体。乡村治理的好坏直接影响国家的稳定与发展，因此，历朝历代都努力探索和追求有效的乡村治理。我国的乡村治理可以追溯到黄帝时期，“昔皇帝始经土设井以塞争端，立步制亩以防不足，使八家为井，井开四道而分八宅。”但有确切的历史记载是在西周时期的乡遂制度。古代农田水利发展也随着乡村治理和农业发展的需求而不断改进，以满足生产生活的要求。

西周的乡遂制度，将乡遂组织分为“国”和“野”或“都”和“鄙”。“国”和“都”指国都部分，设有六乡为“五家为比，使之相保；五比为闾，使之相受；四闾为族，使之相葬；五族为党，使之相救；五党为州，使之相赒；五州为乡，使之相宾”。“野”和“鄙”指国都以外的地方，设有六遂，即“王国百里为郊。乡在郊内，遂在郊外，六乡谓之郊，六遂谓之野”。此时的古代水利主要是人类与洪水斗争的历史，在西周之末，东周之初，古代农业的经营仍然和夏商时代一样，尚未利用河水灌溉，依旧依靠雨水耕作。

春秋战国时期，随着封建社会形成，以及诸侯争霸战争的频繁，“管仲治齐，国中是轨、里、连、乡四级，野中是邑、卒、乡、县、属五级”的地方基层政权集中模式，逐渐替代宗法血缘为基础的乡村治理模式。此时的水利事业，始由防御，进而灌溉，再则成为战争利用的武器。水利灌溉出现萌芽，增加了农业生产量，促进了农业的发展。

秦汉的乡亭制，在秦统一全国后推行郡县制，强调以县统乡、以乡统里、里辖什伍。秦汉时期的乡是国家权力机关、属于县政府派出的机构，乡吏是食禄阶层；百姓按身份、依地缘，五户一组，分区居住，其生产、生活行为处于国家的密切监视之下，邻里之间相互监督，责任连坐。秦朝中期农业水利事业以北方黄河流域为主，灌溉以水渠为主。西汉中期，农业水利由北方转移到华中地区，由于华中地区降雨较多和地势原因，以陂水事业为主。

“村”这一名称在魏晋南北朝之时开始出现，主要是由于当时社会连年动乱，许多原先生活在乡里的百姓不得不背井离乡，就在乡里之外的地方形成新的百姓聚居地，这些聚居地称为“村”。该时期黄河、长江、海河、淮河、钱塘江等流域的农田水利均有发展，其中以淮河流域陂塘建设尤为突出。

唐代的乡里制，是我国古代农村治理方式的一次重大变革。公元589年，隋文帝改“保、闾、族”三级治理结构为“乡、里”两级治理结构。“百户为里，五里为乡。两京及州县之郭内，分为坊，郊外为村。里及坊村皆有正，以司督察。四家为邻，五邻为保。保有长，以相禁约。”由于唐朝社会维持了较长时期的安定，水利发展迅速，江南水利进步最为显著，北方地区农田放淤和水利管理也得以提升。

从唐朝中期之后开始的乡官职役化在宋代得以正式确立。主要表现在乡里组织逐渐被裁撤，改为保甲制度。保甲组织的领袖不再是国家委派的官吏，而是选取地方民户中人力和物力多者充当，且不领薪水。保甲组织为每五家组成一保，五保为一大保，十大保为一都保。农闲时集合保丁，进行军事训练；夜间轮差巡查，维持治安。唐宋时期灌溉方式有重大发展，开始运用机械灌溉工具，南方普遍使用水车。南宋时使用筒车提水，促进农业加工的进步。

元代主要是少数民族主宰中原，缺乏成熟的治理中原农耕文明的经验。国家政权在农村地区的治理结构非常不统一，主要包括乡都制、都图制和社制。乡都制是当时农村最基础的行政单位，乡都一般设为两级，乡有里正，以乡统都，都有主首。金代迁都中都，北宋汴京形势引城西水源为金水河供城区用水。元代水利丰碑为姜席堰，地处灵山港下游后田铺大堰潭河段，为元代至顺

年间（即公元1330年至1333年）达鲁花赤察儿可马任上所建，距今已有680余年历史。

明代的乡里制较为复杂，乡里组织称谓名目繁多。乡村行政机构多半是乡、都、图或乡、都、里三级，以及乡、保、村、里和乡、保、区、图四级。乡里组织主要有保甲制、里老制、粮长制，明确规定了里长、老人和粮长的职役性质。乡里组织在明朝的统治中还发挥着重要作用，但其地位已经相当低，乡里长的处境也相当艰难。明代大力发展垸田，即具有御水护田之堤的“围田”，两湖垸田以湖北荆江和湖南洞庭湖一带最为集中。

清朝的农村治理方式主要继承了明代，农村基层治理结构相当复杂。县之下，一般是乡、都、图三级制或二级制，但是在清朝居于主导地位的农村治理结构主要是里甲制和摊丁入亩之后的保甲制。同时，清朝在乡村治理上，加强了儒家思想的教育，建立乡约制度。规定由约正、约副为乡约宣讲，每月朔望召集百姓听讲，并对乡里百姓的善恶进行记录。明清时期水利以治理河流为主，其以水治沙、束水攻沙、以沙治水的战略思想逐渐形成。晚清潘季驯提倡束水攻沙，以河道堤防为修守工具，一直沿用至今。清代基围又较前代成倍增长，当时沿海一带还出现人工打坝种苇，促进海滩的淤涨。其中南海县传建于北宋末年的桑园围，就是面积达15万亩的大围。湖广垸田的发展，促进了这些地区农业经济的繁荣，但由于围垦缺乏计划，这些地区的洪涝灾害也随之加剧。

第二节 我国乡村新发展

我国遵从“国以民为本，民以食为天，食以安为先”的理念，可见农业是社会存在和发展的物质前提，也是支撑国民经济建设与发展的基础性产业。农业不仅提供人类生存必需的粮食和食品，还为其他产业提供生产原料。因此，选择不同的农业发展道路，决定着农业自身的现代化竞争力的差异，也决定着整个社会的现代化进程。

中华人民共和国成立以来，党和国家始终坚持走中国特色的社会主义农业发展道路。中国共产党为了坚持不懈地废除封建土地制度，开展了土地改革运动，打碎了几千年来套在农民身上的封建枷锁，改变了农村落后的生产关系。

1950年6月30日，中央人民政府颁布了《中华人民共和国土地改革法》，规定废除地主阶级封建剥削的土地所有制，实行农民的土地所有制。没收地主的土地、耕畜、农具等，由乡农民协会接收，统一地、公平合理地分配给无地、少地及缺乏其他生产资料的贫苦农民所有，实行农民的土地所有制，借以解放农村生产力，发展农业生产，为新中国的工业化开辟道路。

建国初期，新民主主义制度下，中国共产党坚持自愿互利、循序渐进的马克思主义合作制原则，使农业合作化运动避免了大的失误。1956年完成了农业集体化任务，错误地把斯大林建立的苏联农业发展模式移植到中国，由于苏联模式不适合中国，富有创新精神的中国共产党最终摆脱了束缚，探索出一条适合自己的社会主义农业发展道路。

1978年，十一届三中全会把全党的工作重点转移到社会主义现代化建设上来，大力恢复和加快发展农业生产。1979年，《中共中央关于加快农业发展若干问题的决定》要求在农业集体化的基础上实现对农业的技术改造，这是中国共产党在农业问题上的根本路线；并规定了发展农业生产力的二十五项政策和措施，以全面实现农业现代化，彻底改变农村面貌，完成国家农业战线上的伟大革命。

改革开放40年来，中国特色社会主义农业发展道路的开辟，极大地解放和发展了生产力，推动中国农业现代化建设取得了举世瞩目的成就。首先，农业现代化发展迅速，农业发展实现了由粗放型生产向集约化水平不断提高的历史性跨越，及以第一产业为主向第三产业协调发展的历史性跨越；其次，粮食稳产高产，粮食生产能力达到一万二千亿斤，农产品供给总量平衡、品种多样，农民生活由温饱不足向总体小康的迈进，农民整体素质提高；再次，农村体制机制实现了农村经济制度由自给自足的小农经济向社会主义市场经济的历史性跨越，城乡关系实现了城乡经济社会由二元结构向加快建立城乡一体化体制机制的历史性跨越，农业的对外开放不断深化，逐步形成了全方位、多层次、宽领域的农业对外开放格局。

中共十八大以后，为全面建成小康社会，党中央始终把解决好农业农村问题作为全党的工作重中之重，把城乡发展一体化作为解决“三农”问题的根本途径。国务院连续五年发布《中共中央、国务院关于加快发展现代农业 进一步增强农村发展活力的若干意见》《关于全面深化农村改革加快推进农业现代

化的若干意见》《中共中央、国务院关于加大改革创新力度加快农业现代化建设的若干意见》《中共中央、国务院关于落实发展新理念加快农业现代化　实现全面小康目标的若干意见》《中共中央、国务院关于深入推进农业供给侧结构性改革加快培育农业农村发展新动能的若干意见》，深入推进社会主义新农村建设推进，从根本上改变农业基础薄弱、农村发展滞后的局面，促进农业稳定发展和农民持续增收，主要体现在以下方面：确保粮食等主要农产品供给，促进农民持续增收，加大农业科技支撑能力，补齐农村基础设施建设“短板”，重视新农村建设中一些倾向性和苗头性问题等。

2013年11月，习近平总书记首次提出“精准扶贫”的思想，标志着国家扶贫进入了以“六个精准”“五个一批”为重点的精准扶贫和精准脱贫阶段。2015年12月，《中共中央　国务院关于打赢脱贫攻坚战的决定》指出：我国扶贫开发已进入啃硬骨头、攻坚拔寨的冲刺期。中西部一些省（自治区、直辖市）贫困人口规模依然较大，剩下的贫困人口贫困程度较深，减贫成本更高，脱贫难度更大。实现到2020年让7000多万农村贫困人口摆脱贫困的既定目标，时间十分紧迫、任务相当繁重，必须在现有基础上不断创新扶贫开发思路和办法，坚决打赢这场攻坚战。“精准扶贫”是继传统扶贫基础上，顺应中国新时期发展需要，创造性、突破性地新扶贫方式，主要解决扶贫开发工作中底数不清、目标不明、施策不准、效果不佳等问题，是全面建成小康社会的重要保障。

2017年10月18日，中国共产党第十九次全国代表大会召开，习近平总书记十九大报告提出：“农业农村农民问题是关系国计民生的根本性问题，必须始终把解决好‘三农’问题作为全党工作重中之重。要坚持农业农村优先发展，按照产业兴旺、生态宜居、乡风文明、治理有效、生活富裕的总要求，建立健全城乡融合发展体制机制和政策体系，加快推进农业农村现代化。”“巩固和完善农村基本经营制度，深化农村土地制度改革，完善承包地三权分置制度。”“保持土地承包关系稳定并长久不变，第二轮土地承包到期后再延长三十年。”“深化农村集体产权制度改革，保障农民财产权益，壮大集体经济。”“确保国家粮食安全，把中国人的饭碗牢牢端在自己手中。”“构建现代农业产业体系、生产体系、经营体系，完善农业支持保护制度，发展多种形式适度规模经营，培育新型农业经营主体，健全农业社会化服务体系，实现小农户和现代农

业发展有机衔接。”“促进农村一二三产业融合发展，支持和鼓励农民就业创业，拓宽增收渠道。”“加强农村基层基础工作，健全自治、法治、德治相结合的乡村治理体系。”“培养造就一支懂农业、爱农村、爱农民的‘三农’工作队伍”。

第三节　乡村振兴战略的政策保障

一、党和国家政策主要内容

习近平总书记在十九大提出“实施乡村振兴战略”，就是要始终坚持把解决好“三农”问题作为全党工作重中之重，并通过采取更加有力的举措，切实改变农业农村落后面貌，拉长四化同步发展中农业这条“短腿”，补齐农村这块全面小康社会的“短板”。

2018年1月2日，中共中央、国务院发布1号文件《关于实施乡村振兴战略的意见》，文件指出，为了决胜全面建成小康社会，分两个阶段实现第二个百年奋斗目标的战略安排，实施乡村振兴战略。2018年9月，中共中央、国务院印发了《乡村振兴战略规划（2018—2022年）》按照2020年全面建成小康社会和2022年召开党的二十大时的目标任务细化实化工作重点和政策措施，部署重大工程、重大计划、重大行动，确保乡村振兴战略落实落地，是指导各地区各部门分类有序推进乡村振兴的重要依据。

《乡村振兴战略规划（2018—2022年）》定义乡村为：“乡村是具有自然、社会、经济特征的地域综合体，兼具生产、生活、生态、文化等多重功能，与城镇互促互进、共生共存，共同构成人类活动的主要空间。”在这一特定的空间内，“三农”问题是亟待解决的关键性问题，实施乡村振兴战略就是要深入推进农村各项改革，破解“三农”发展难题。改革要求如下：

（1）农业是兴国之本，没有农业农村的现代化，就没有国家的现代化。深入实施藏粮于地、藏粮于技战略，提高农业综合生产能力，保障国家粮食安全和重要农产品有效供给。加快农业结构调整步伐，着力推动农业由增产导向转向提质导向，提高农业供给体系的整体质量和效率。坚持家庭经营在农业中的基础性地位，构建家庭经营、集体经营、合作经营、企业经营等共同发展的新

型农业经营体系，发展多种形式适度规模经营，发展壮大农村集体经济，提高农业的集约化、专业化、组织化、社会化水平，有效带动小农户发展。深入实施创新驱动发展战略，加快农业科技进步，提高农业科技自主创新水平、成果转化水平，为农业发展拓展新空间、增添新动能，引领支撑农业转型升级和提质增效。以提升农业质量效益和竞争力为目标，强化绿色生态导向，创新完善政策工具和手段，加快建立新型农业支持保护政策体系。以完善利益联结机制为核心，以制度、技术和商业模式创新为动力，推进农村一二三产业交叉融合，加快发展根植于农业农村、由当地农民主办、彰显地域特色和乡村价值的产业体系，推动乡村产业全面振兴。

（2）牢固树立和践行绿水青山就是金山银山的理念，搞好农村人居环境综合整治，建设生态宜居的美丽乡村。坚持尊重自然、顺应自然、保护自然，统筹山水林田湖草系统治理，加快转变生产生活方式，推动乡村生态振兴，建设生活环境整洁优美、生态系统稳定健康、人与自然和谐共生的生态宜居美丽乡村。实施国家农业节水行动，建设节水型乡村。深入推进农业灌溉用水总量控制和定额管理，建立健全农业节水长效机制和政策体系。逐步明晰农业水权，推进农业水价综合改革，建立精准补贴和节水奖励机制。推进农村生活垃圾治理，建立健全符合农村实际、方式多样的生活垃圾收运处置体系，有条件的地区推行垃圾就地分类和资源化利用。实施“厕所革命”，推进厕所粪污无害化处理和资源化利用。梯次推进农村生活污水治理，有条件的地区推动城镇污水管网向周边村庄延伸覆盖。逐步消除农村黑臭水体，加强农村饮用水水源地保护。全面推进绿色乡村，改造乡村景观，提升田水路林村风貌，促进村庄形态与自然环境相得益彰。全面完成县域乡村建设规划编制或修编，推进实用性村庄规划编制实施，加强乡村建设规划许可管理。建立农村人居环境建设和管护长效机制，发挥村民主体作用，鼓励专业化、市场化建设和运行管护。

（3）加强农村党的建设，健全现代乡村治理体系，推动强化乡村振兴人才支撑。坚持以社会主义核心价值观为引领，以传承发展中华优秀传统文化为核心，以乡村公共文化服务体系建设为载体，培育文明乡风、良好家风、淳朴民风，推动乡村文化振兴。以农村基层党组织建设为主线，突出政治功能，提升组织力，把农村基层党组织建成宣传党的主张、贯彻党的决定、领导基层治理、团结动员群众、推动改革发展的坚强战斗堡垒。全面建立职业农民制度，培养新一代爱农业、懂技术、善经营的新型职业农民，优化农业从业者结构。加大“三农”领域实用专业人才培育力度，提高农村专业人才服务保障能力，加强农技推广人才队伍建设，探索公益性和经营性农技推广融合发展机制，允许农技人员通过提供增值服务合理取酬，全面实施农技推广服务特聘计划。加强涉农院校和学科专业建设，大力培育农业科技、科普人才，深入实施农业科研杰出人才计划和杰出青年农业科学家项目，深化农业系列职称制度改革。建立健全激励机制，研究、制定、完善相关政策措施和管理办法，鼓励社会人才投身乡村建设。

二、贵州实施乡村振兴的主要举措

习近平同志在参加党的十九大贵州省代表团讨论时强调：“我们要紧密结合党的十九大对我国未来发展作出的战略安排，推进党和国家各项工作，特别是要保持各项战略、工作、政策、措施的连续性和前瞻性，一步接一步，连续不断朝着我们确定的目标前进。希望贵州大力培育和弘扬团结奋进、拼搏创新、苦干实干、后发赶超的精神，守好发展和生态两条底线，创新发展思路，发挥后发优势，决战脱贫攻坚，决胜同步小康，续写新时代贵州发展新篇章，开创百姓富、生态美的多彩贵州新未来。”

（一）总体举措

2018年2月9日，贵州省省委书记、省人大常委会主任孙志刚在贵州省委农村工作会议上强调：“来一场振兴农村经济的深刻产业革命，在转变思想观念上来一场革命，在转变产业发展方式上来一场革命，在转变作风上来一场革命，推动产业扶贫和农村产业结构调整取得重大突破。”同时，贵州省省委副书记、省长谌贻琴指出：“按照中央及省委部署，举全省之力推进乡村振兴战略，高质量打好精准脱贫攻坚战，推动农业产业结构调整取得革命性突破、农村面貌取得根本性突破、‘三农’体制机制创新取得深层次突破、农村人居环境改善取得蝶变式突破、农村精神文明建设取得实质性突破、乡村治理取得全方位突破。”

2018年4月19日，贵州省出台《中共贵州省委 贵州省人民政府关于乡村振兴战略的实施意见》（黔党发〔2018〕1号）（以下称《实施意见》），文件要求：“大力培育和弘扬新时代贵州精神，坚持把解决好‘三农’问题作为全省

工作重中之重”“守好发展和生态两条底线，打好精准脱贫攻坚战，加快推进农村产业发展，加快推进乡村治理体系和治理能力现代化，加快推进农业农村现代化，走中国特色社会主义乡村振兴道路，让农业成为有奔头的产业，让农民成为有吸引力的职业，让农村成为安居乐业的美丽家园。”

《实施意见》提出了贵州省实施乡村振兴战略的分阶段目标：“2018年，启动实施‘四在农家·美丽乡村’小康行动升级版，全省农村经济和社会事业持续发展，第一产业增加值、农村常住居民人均可支配收入分别增长6%和10%左右。”“到2020年，乡村振兴取得重要进展，如期完成脱贫攻坚任务，全省同步实现全面小康，非贫困地区农业农村现代化建设有序推进。”“到2022年，在社会主义现代化建设新征程上迈出乡村振兴新步伐。”“到2035年，全省乡村振兴取得决定性进展，农业农村现代化基本实现。”“到2050年，实现乡村全面振兴，农业强、农村美、农民富全面实现。”实施乡村振兴战略，要坚持党管农村工作、坚持农业农村优先发展、坚持农民主体地位、坚持城乡融合发展、坚持生态优先绿色发展、坚持因地制宜突出特色等基本原则。

贵州省委、省政府统筹谋划具体战略，科学推进具有贵州特色的“五个振兴”。

（1）推动产业振兴。乡村振兴，产业兴旺是重点。把产业发展起来，对贵州来说意义重大，是打基础、管长远的重大举措，既关系280万贫困农民脱贫，也关系2000多万农民持续增收。要来一场振兴农村经济的深刻的产业革命，紧紧围绕发展现代农业，围绕农村一二三产业融合发展，构建乡村产业体系，实现产业兴旺，把产业发展落到促进农民增收上来，全力以赴消除农村贫困，推动乡村生活富裕。要把产业振兴与农业供给侧结构性改革结合起来，调整优化农业结构，把玉米等低效传统产品调下来，调优粮经种植结构，坚决打好玉米种植结构调整硬仗，用三年左右时间把旱地基本农田全部种植高效经济作物。加快构建现代农业产业体系、生产体系、经营体系，推进农业由增产导向转向提质导向，提高农业创新力、竞争力、全要素生产率，提高农业质量、效益、整体素质。

（2）推动人才振兴。乡村振兴要靠人才、靠资源。如果乡村人才、土地、资金等要素一直单向流向城市，长期处于“失血”“贫血”状态，振兴就是一句空话。发展现代农业，推动乡村振兴，必须把人力资本开发放在首要位置，强化乡村振兴人才支撑，加快培育新型农业经营主体，让愿意留在乡村、建设家乡的人留得安心，让愿意上山下乡、回报乡村的人更有信心。要对农村劳动力进行定期不间断地系统培训，分类建立培训档案，确保每个有劳动能力的农村人口熟练地掌握一门实用技能。要创新培训机制，办好新时代农民讲习所，开展菜单式的实用技术和实用技能培训。支持鼓励农业园区、农业企业、农民合作社，专业技术协会通过建立新型职业农民实习实训基地、创业孵化基地和农民田间学校等方式，为农民提供就近就地学习实践。通过多措并举，激励各类人才在农村广阔天地大施所能、大展才华、大显身手，打造一支强大的乡村振兴人才队伍，在乡村形成人才、土地、资金、产业汇聚的良性循环。

（3）推动文化振兴。优秀乡村文化能够提振农村精气神，增强农民凝聚力，孕育社会好风尚。乡村振兴，既要塑形，也要铸魂，要形成文明乡风、良好家风、淳朴民风，焕发文明新气象。要加强农村思想道德建设和公共文化建设，以社会主义核心价值观为引领，深入挖掘优秀传统农耕文化蕴含的思想观念、人文精神、道德规范，培育挖掘乡土文化人才，弘扬主旋律和社会正气。要下大力气抓好乡村优秀文化传承工作，挖掘具有农耕特质、民族特色、地域特点的物质文化遗产，保护好、发掘利用好散落在辽阔乡村的革命遗址，让红色文化、优秀文化滋养乡村文明。加强农村公共文化建设，改善农村文化服务设施，丰富农村文化业态，推进基层综合性文化服务中心建设，实施重点文化惠民工程，实现乡村两级公共文化服务全覆盖，让优秀的乡村文化提振农民的精气神、增强农民的凝聚力、孕育良好的社会风尚。

（4）推动生态振兴。良好生态环境是农村最大优势和宝贵财富。要坚持绿色发展，加强农村突出环境问题综合治理，深入实施农村人居环境整治三年行动计划，推进农村“厕所革命”，完善农村生活设施，打造农民安居乐业的美丽家园，让良好生态成为乡村振兴支撑点，开创百姓富、生态美的多彩贵州新未来。要扎实推进大生态战略行动，深入实施“绿色贵州行动计划”，大力开展植树造林活动。深入推进“四在农家·美丽乡村”小康行动计划升级版，持续开展贵州生态日活动，实施重要生态系统保护和修复工程，推动耕地轮作休耕，加强退耕还林、植树造林、天然林保护等生态工程建设。要加强农村饮用水源保护，强化农村生活垃圾处理、生活污水治理，良好生态环境正在成为农村最大优势和宝贵财富。

(5) 推动组织振兴。农村脱贫致富的核心就是农村党组织。要大力推广“塘约经验”，把基层党组织建在扶贫产业链上、建在合作社上、建在生产小组上，推行“村社合一”，把贫困户、合作社组织起来，对接龙头企业、对接市场，带领农民群众脱贫致富。要深化村民自治实践，发展农民合作经济组织，建立健全党委领导、政府负责、社会协同、公众参与、法治保障的现代乡村社会治理体制，确保乡村社会充满活力、安定有序。要持续整顿软弱涣散农村基层党组织，解决弱化、虚化、边缘化问题。持续做好第一书记和驻村干部选派工作，全面向贫困村、软弱涣散村、集体经济薄弱村党组织派出第一书记。对现有村党支部书记进行全面评估，对不符合要求的，坚决进行调整。深入开展扶贫领域专项作风治理，加大基层小微权力腐败惩处力度，深入开展扫黑除恶专项斗争，廓清农村基层政治生态。

（二）水利举措

乡村振兴也为贵州省水利发展提供契机，全省要求全力破解工程性缺水难题，拓展民生水利发展内涵，夯实乡村振兴水利基础，为全省决战脱贫攻坚、决胜同步小康和开创百姓富、生态美的多彩贵州新未来奠定坚实的水利基础。

2013 年 9 月 13 日，贵州省人民政府印发了《省人民政府关于实施“四在农家·美丽乡村”基础设施六项行动计划的意见》(黔府发〔2013〕26 号)(以下简称《意见》)，2013—2015 年解决了 663.57 万人农村饮水安全问题，完成耕地灌溉面积 344.28 万亩。根据《贵州省“十三五”“四在农家·美丽乡村”基础设施建设——小康水行动计划实施方案》要求，解决剩余 501.43 万人的农村饮水安全问题，以及未解决的 317.72 万亩耕地灌溉问题。

为了全面改善农村人居环境，加快建设富美乡村。贵州省打造“四在农家·美丽乡村”六个小康行动升级版——小康水行动计划实施方案（2018—2020 年），在继续实施农村饮水安全巩固提升工程和小型水利灌溉工程的基础上，增加了实施农村生活污水处理工程、农村宜居水环境项目建设工程和农村消防设施建设工程。

(1) 实施农村饮水安全巩固提升工程。针对 30 户以上自然村寨，涉及农村建档立卡贫困人口 173.31 万人。建设内容包括供水水源保证率升级提升、供水工程升级改造、水厂水处理设施升级配套、强化水源保护和水质保障以及信息化建设。

（2）实施小型水利灌溉工程。针对骨干水源工程未能覆盖、30户以上自然村寨周边100亩以上集中连片缺乏灌溉的耕地。①建设“五小水利”工程，通过修建包括小塘坝、小渠道、小泵站、小堰闸、小水池（窖）在内的“五小水利”工程设施，实现耕地有效灌溉；②开展高效节水灌溉建设，在水源可靠的地区，因地制宜选择喷灌、滴灌和低压管灌等高效节水灌溉模式，灌溉工程保证率达到75%～90%，无可靠水源保证的，按达到抗旱保苗要求进行非充分灌溉。

（3）实施农村生活污水处理工程。针对农村生活污水处理的行政村和30户以上自然村寨，包括763.86万户。采用集中集中式治理模式、分散式治理模式和点状式管控模式，选用适合当地农村自然条件特征并与当地经济条件相适应的污水治理工艺技术或管控方式，并建设污水管网收集系统，有效解决农村污水乱排放污染环境的问题。

（4）实施农村宜居水环境项目建设工程。针对30户以上自然村寨（含行政村）及其周边纳入农村人居环境整治范围内未治理的山塘和农村河道。开展农村山塘治理，采取工程措施，改进和恢复山塘原有任务和功能，确保山塘安全和正常运行使用。实施农村河道治理，结合防洪需求和农村人居环境整治要求，在提高河道防洪能力的同时，注重生态修复和环境保护。

（5）实施农村消防设施建设工程。针对全省尚未覆盖农村消防设施的30户以上的自然村寨。建设农村消防设施，根据农村消防规划，综合考虑消防安全需要。对有自来水管网的村寨，按照标准安装消火栓；对不具备安装消火栓条件的村寨，建设消防水池或者天然水源消防取水设施。各村寨按规定建设消防通道，配置消防设备和器材。发展多种形式的消防队伍，除加强消防部门专职队伍建设外，在具备条件的乡镇组建志愿消防队伍，配备必要的消防器材，承担相应的消防安全责任。

2018年7月，《省农委关于500亩以上坝区农业产业结构调整的指导意见》（黔农发〔2018〕79号）要求，将全省坡度小于6°、面积500亩以上的种植土地大坝培育形成贵州省农业现代化的“样板田、科技田、效益田”。大力发展优质稻、蔬菜、草本中药材、特色杂粮、食用菌等高效经济作物。加大全省500亩以上坝区的农业基础设施建设力度，夯实基础，重点抓好农业水利建设，加快建设旱涝保收、高产稳产的坝区高标准农田。

经初步统计，目前全省500以上坝区有1777处，其中有灌溉设施的261.8万亩，占比58.44%，还有186.15万亩没有灌溉设施保障，要求在2020年之前分步解决。500以上坝区不仅需要补齐农田水利配套设施（特别是高效节水灌溉设施），而且为了增强耕地生产能力，在配套高效节水灌溉设施时，应加入水肥一体化技术，将肥料溶解在灌溉水中，由灌溉管道带到田间每一株作物，满足作物生长需要。坝区应以“建管养用”一体化建设为重点，逐步推进农业水价综合改革、小型水利工程产权制度改革、小型水利工程管理体制改革等，形成农田水利工程的良性运行模式。

第二章 贵州乡村概况

贵州简称“黔”或“贵”，全省山川秀丽，气候宜人，生态条件优越，资源富集，是发展潜力非常大的内陆山区省。贵州位于东经103°36′～109°35′，北纬24°37′～29°13′，东连湖南，南邻广西，西接云南，北濒四川和重庆，全省东西长约595km，南北相距约509km，国土总面积17.62万km^2，占全国土地面积的1.8%。

第一节 贵州乡村分布状况

贵州设有9个地级行政区，其中包括贵阳市、六盘水市、遵义市、安顺市、毕节市、铜仁市6个地级市，黔西南布依族苗族自治州（以下简称“黔西南州”）、黔东南苗族侗族自治州（以下简称“黔东南州”）、黔南布依族苗族自治州（以下简称“黔南州”）3个自治州。全省有88个县（区、特区），其中有9个县级市、11个自治县。全省乡镇个数1158个，村委会个数14619个。贵州是少数民族人口最多的省区之一，全省共有49个民族，其中少数民族48个。世居民族有汉、苗、布依、侗、土家、彝、仡佬、水、回、白、瑶、壮、畲、毛南、蒙古、仫佬、羌、满等18个。

根据《2017年贵州统计年鉴》，到2016年年末，全省常住人口3555.00万人，其中乡村常住人口1985.47万人，占全省常住人口的55.85%。农村常住居民人均可支配收入为8090.28元，农村常住居民人均消费支出7533.29元。

2016年全省行政村14619个，其中，贵阳市行政村944个，六盘水市行政村881个，遵义市行政村1552个，安顺市行政村1047个，毕节市行政村2267个，铜仁市行政村2564个，黔西南州行政村1008个，黔东南州行政村3170个，黔南州行政村1186个，见表2-1。

表 2-1　　**2016 年贵州乡镇及行政村数量表**　　单位：个

市（州）名称	镇	街道办事处	乡	民族乡	行政村
贵阳市	47	—	30	18	944
六盘水市	39	22	26	25	881
遵义市	181	50	21	8	1552
安顺市	48	21	18	10	1047
毕节市	131	35	97	72	2267
铜仁市	95	31	49	38	2564
黔西南州	83	26	17	3	1008
黔东南州	129	17	60	15	3170
黔南州	79	19	8	4	1186
合计	832	221	326	193	14619

注　数据来源于《2017 年贵州统计年鉴》。

第二节　贵州乡村自然条件

一、贵州乡村地质地貌条件

贵州是一个亚热带强烈喀斯特化的高原山区，处于世界三大连片喀斯特发育区之一的东亚片区中心。贵州喀斯特地貌出露面积达 10.9 万 km^2，占全省土地面积的 61.9%，全省除赤水、雷山、榕江、剑河 4 个县（市）基本无喀斯特地貌分布外，其余县（市）都有喀斯特地貌分布。贵州喀斯特地貌作用强烈，水文结构复杂，地貌类型多样。地表峰林、峰丛与盆地、谷底、洼地形成一系列峰林地貌和峰丛地貌，峡谷、洞穴、天生桥等随处可见。地貌组合主要以高原、山地为主，高原、山原、山地约占全省总面积的 87%，丘陵占 10%，盆地、河流阶地和河谷平原仅占 3%。

贵州现代地貌主要是燕山运动以后形成的，地貌发育分为三个时期：大娄山期是贵州地貌长期剥蚀夷平的时期；山盆期是在喜马拉雅造山运动后又一剥蚀夷平时期；乌江期则是河流深切的峡谷及阶地形成期。

贵州在地势上的特点是西高东低，中部高，南、北低，即由西向东形成一个大梯坡，由西、中部向南、北再形成两个斜坡带。西部地势最高的梯级，是贵州最典型的高原地貌，高原面大部分保存较好，高原的边缘才是切割强烈、地势起伏较大的中山。中部的第二梯级，是典型的山原和丘陵分布区，在遵义以南、镇宁以北、黔西以东、镇远以西这一广大地区，是丘原的主要分布区，在此以南、以北，则是山原分布区，即上述的南、北两大斜坡区。东部的第三梯级，包括松桃、铜仁、江口、玉屏、锦屏等地，是典型的低山丘陵区。

在地质上，从早期的中元古宇至晚期第四系地层均有出露，中上元古界以海相碎屑地层和火山岩经区域变质作用形成的地层为主，古生代至中生代早期以海相碳酸盐地层占优势，晚三叠世晚期以后则为陆相碎屑地层。属扬子地台及其东南大陆边缘，以碳酸盐岩广布、喀斯特景观普遍发育为特征。

贵州喀斯特发育典型、形态多样，有石沟、石芽、石林、峰丛、峰林、漏斗、洼地、洞穴等，喀斯特类型有峰丛洼地、峰丛谷地、峰林洼地、峰林槽谷等。喀斯特分布面积约13万km^2，占全省总面积的73.79%。其中，无石漠化面积3.75万km^2，占全省总面积的21.28%；潜在石漠化面积3.40万km^2，占全省总面积的19.30%，占喀斯特面积的26.15%；石漠化面积3.76km^2，占全省总面积的21.34%，占喀斯特面积的28.92%（图2-1）。

图2-1 贵州石漠化景观

二、贵州乡村气候资源条件

贵州的气候温暖湿润，属亚热带温湿季风气候区。光照适中，雨热同季，气温变化小，冬无严寒，夏无酷暑，气候宜人。全省大部分地区年日照时数为1200～1600h，地区分布特点是西多东少，即省之西部约1600h、中部和东部约1200h，年日照时数比同纬度的我国东部地区少1/3以上，是全国日照最少的地区之一。全省年平均气温为14～16℃。在这样的热量分布下，贵州中部气候温和，四季分明，冬无严寒，夏无酷暑。但贵州两隅则寒暖各异，黔西北高寒地区，冬冷夏凉，1月平均最低气温在0℃以下；偏东、南河谷地带，冬暖夏热，7月平均最高气温为32～34℃。

贵州由于受季风影响，南来的暖湿气流常与北来的冷空气在省内交绥，故常年雨量充沛，年雨量大都超过1100mm。全省有三个多雨区：一个在兴义、晴隆、六枝、织金一带，正当西南暖湿气流入侵通道，年雨量在1400mm以上；一个在丹寨、都匀一带，处于苗岭山脉的迎风坡，年雨量亦超过1400mm；还有一个在松桃、江口、铜仁一带，正处于武陵山脉的迎风坡，年雨量达1400mm。全省有三个少雨区：一个位于威宁、赫章、毕节，因处于乌蒙山背风坡，年雨量仅850～950mm；一个位于大类山西北坡的道真、正安、桐梓一带，年雨量不足1100mm；还有一个位于㵲阳河的施秉、镇远一带，受局部地形的影响，年雨量也不到1100mm。

贵州部分坡度较陡的地区，立体气候的特征很明显。例如丹寨与三都、万山与铜仁，水平距离都不过20多公里，但海拔却相差500～600m，前者在山原或阶地，后者在低洼河谷，前者与后者相比较，年平均气温降低3.3～3.5℃，年降水量增多约120mm，年平均风速增大1.4～1.7m/s。

影响贵州的天气系统不仅种类繁多，而且在其移动过程中往往发生变化，从而给贵州带来复杂多变的天气。云贵静止锋是在贵州特殊地形、地势下形成的，在其影响下，锋前天气晴好，锋后阴雨连绵，若有高空系统配合，还会产生雷暴或夹降冰雹，而且常常夜间南进，日间北退，晚上下雨白天晴。若受西太平洋副热带高压控制，其中心部分往往晴朗少云，而其西部边缘则常产生雷暴、暴雨。因此，贵州天气经常南北不同，东西各异，甚至一日数变，出现东西南北几重天。除一般晴雨天气外，贵州灾害性天气比较频繁，旱（图2-2）、

涝、大风、冰雹、暴雨、低温、绵雨、凌冻常年均有发生。

图 2-2 贵州省干旱

（图片来源于网络）

三、贵州乡村水土资源条件

全省水系顺地势由西部、中部向北、东、南三面分流。苗岭是长江和珠江两流域的分水岭，以北属长江流域，流域面积 115747km^2，占全省土地面积的 65.7%；苗岭以南属珠江流域，流域面积 60420km^2，占全省土地面积的 34.3%。长江流域内分金沙江石鼓以下、宜宾至宜昌、乌江、洞庭湖区四个二级区。珠江流域内分南北盘江、红柳江区（红水河干流与柳江水系）两个二级区。全省河流流域面积 1000～3000km^{2}的 46 条，3000～5000km^{2}的 8 条，5000～10000km^{2}河流 4 条，大于 10000km^{2}的 7 条，即乌江、六冲河、清水江、赤水河、北盘江、红水河、都柳江。

贵州水资源丰富，多年平均水资源量 1062 亿 m^3，居全国第 9 位，人均占有水资源 2800m^3，居全国第 10 位，高于全国 2091m^3 的平均水平。全省水利工程供水能力 116 亿 m^3。水资源时空分布不均，时间分布年际变化大，如 2011 年极端干旱条件下，年径流量为 626 亿 m^3，仅为多年平均径流量的 59%。年内分配极不均匀，丰水期 5—10 月来水量占全年总水量 75%～80%；枯水期 11 月至次年 4 月水量仅占全年总水量 20%～25%，且洪旱交替、旱涝

急转。空间分布上南多于北，东多于西。由于贵州喀斯特地貌因素，导致水资源开发利用难度大，加之水利基础设施薄弱，工程性缺水问题仍然突出。

贵州的土壤是在复杂的地貌、气候、植被、母质等自然条件及人为活动的影响下发育形成的。土壤面积 15.91 万 km^2，占全省土地面积的 90.3%。土壤类型繁多，分布错综，主要类型有黄壤、红壤、赤红壤、红褐土、黄红壤、高原黄棕壤、山地草甸土、石灰土、紫色土、水稻土等土类。黄壤发育于温润的亚热带常绿阔叶林和常绿落叶阔叶混交林环境；赤红壤和红壤形成于南亚热带河谷季雨林环境；黄红壤为红壤与黄壤间的过渡类型，发育于温润性常绿阔叶林环境；高原黄棕壤发育于冷凉温润的亚热带常绿落叶阔叶混交林环境；山地草甸土发育于山地灌丛、灌草丛及草甸环境；石灰土为岩性土，凡有石灰岩出露的地方几乎都有发育，并常与黄壤、红壤等土类交错分布；紫色土主要发育在紫色砂页岩出露的环境；水稻土是贵州主要的耕作土之一，其理化性质特殊，在全省各地皆有分布（图 2－3）。

图 2－3　贵州水稻土

第三节 贵州乡村社会经济状况

据《2017 年贵州省国民经济和社会发展统计公报》，2017 年全省地区生产总值 13540.83 亿元，比 2016 年增长 10.2%。其中第一产业增加值 2020.78 亿元，增长 6.7%；第二产业增加值 5439.63 亿元，增长 10.1%；第三产业增加值 6080.42 亿元，增长 11.5%。人均地区生产总值 37956 元，比 2016 年增加 4710 元（图 2-4）。

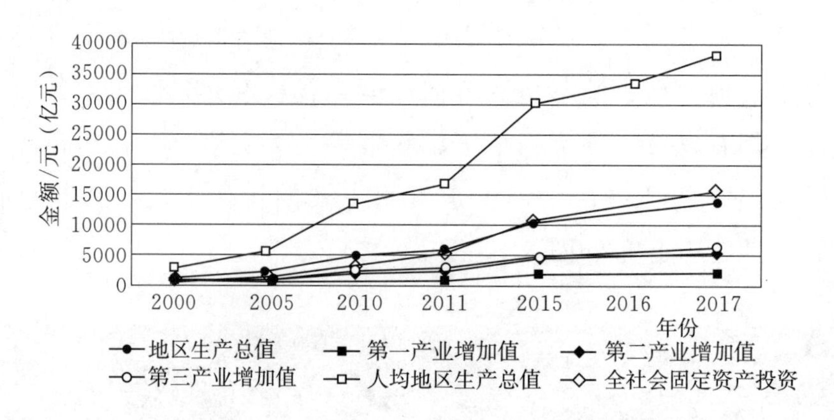

图 2-4 贵州国民经济发展增长示意图

2017 年年末全省农村贫困人口 280.32 万人，全年减少贫困人口 123.69 万人，90 个贫困乡镇“减贫摘帽”、2300 个贫困村退出，贫困发生率下降到 7.75%左右。2018 年 9 月省人民政府正式批复《关于呈请批准桐梓等 14 个县（区）实现贫困退出的请示》，桐梓县、凤冈县、湄潭县、习水县、西秀区、平坝区、黔西县、碧江区、万山区、江口县、玉屏侗族自治县、兴仁县、瓮安县和龙里县符合国家贫困县退出标准。

2017 年农林牧渔业增加值 2128.48 亿元，比 2016 年增长 6.5%。其中，全年粮食总产量 1178.54 万 t，林业增加值 155.45 亿元，畜牧业增加值 531.08 亿元，渔业增加值 47.07 亿元。

2017 年农作物总播种面积 8966.74 万亩，其中粮食作物种植面积 4576.85 万亩，玉米种植面积 1072.91 万亩，蔬菜及食用菌种植面积 1721.96 万亩，园林水果种植面积 593.79 万亩，中药材种植面积 285.93 万亩，茶叶种植面积 715.30 万亩。

2017年贵州省落实水利投资395.9亿元，其中500万元规模以上投资达278.5亿元，同比增长12.1%；全省农田有效灌溉面积2300多万亩，耕地灌溉率35%，新增节水灌溉面积10.01万亩，完成高效节水灌溉面积15.55万亩；农村饮水安全巩固提升工程受益人口120.7万人，治理水土流失面积2808km^2，实施病险水库除险加固72座。

第三章　乡村振兴战略下的贵州农业

第一节　新时期贵州农业发展要求

改革开放以来，在党中央、国务院的正确领导下，贵州深入贯彻党中央精神，促使农村综合改革不断推进，促进城乡二元经济结构的合理转变，解放了农业生产力，农村经济社会取得长足进步，为全省经济增长作出重要贡献。四十年来，全省生产总值由 1978 年的 46.62 亿元增加到 2017 年 13540.83 亿元，其中，农林牧渔业增加值由 19.42 亿元增加到 2017 年的 2020.78 亿元，平均增长速度为 4.9%。第一产业增加值年均增长 6.2%，年均增速排全国第一位；农村居民人均可支配收入年均增长 11.4%，年均增速位列全国前茅；第一产业增加值排位上升 7 位，实现了后发赶超、争比进位的历史性跨越。具体体现如下：

（1）深化农业供给侧结构性改革，实施“藏粮于地、藏粮于技”战略。农业主要矛盾由总量不足转变为结构性矛盾，突出表现为阶段性供过于求和供给不足并存，矛盾的主要方面在供给侧。贵州粮食产量稳定在 1100 万 t 左右，但是由于人民日益增长的美好生活需要要求农产品不仅稳产还要多样，这就推动农业特色化、规模化生产的发展。五年来，粮经比调整为 38∶62，实现稳定粮食产能与结构优化调整（图 3-1）。食用菌种植面积和产量分别达到 10.9 亿棒、56.9 万 t，年均分别增长 112%、104%。水果面积、产量双增加，年均分别增长 10.9%、6.6%。茶叶、辣椒、火龙果、刺梨、薏仁等种植规模居全国第一位，马铃薯、蓝莓种植规模分别位居全国第二和第四位，蔬菜种植面积居全国第七位。畜牧业积极发展生猪，大力发展以牛羊为重点的草食畜牧业，畜牧业增加值占农业增加值比重达 25%。水产业结构优化，大力发展稻渔综合种养和冷水鱼养殖，水产品产量 31.5 万 t，年均增长 18.5%。农村一二三

产业融合发展，休闲农业与乡村旅游创收80亿元，年均增长30.8%。规模以上农产品加工业完成总产值3048.8亿元，年均增长21%。

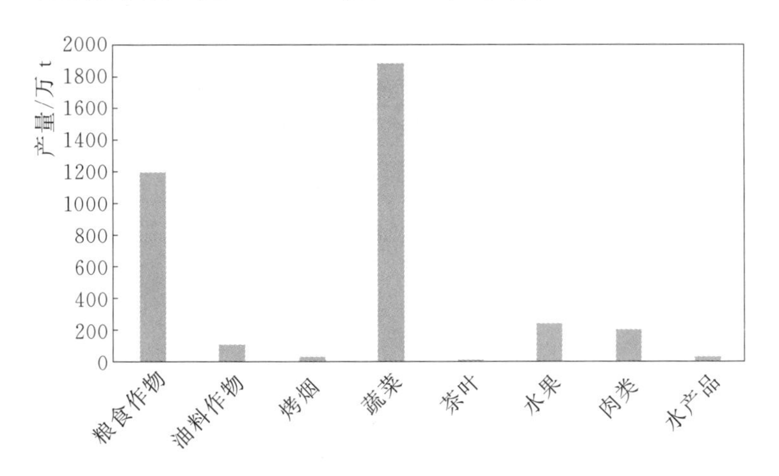

图3-1　2016年全省主要农作物产量

(2) 守住生态底线，牢固树立和践行“绿水青山就是金山银山”理念。实施退耕还林还草林草结合36.5万亩，退牧还草岩溶草地治理234万亩，耕地轮作休耕制度试点20万亩，农业资源环境承载能力逐步提升。实施化肥、农药减量，畜禽养殖提升等十项工程。积极推进病虫害绿色防控与统防统治，覆盖率同比提高11个百分点。创建辣椒、猕猴桃、薏仁等特色作物“百、千、万化肥零增长”核心示范区面积278万亩，化肥利用率达38.1%。畜禽粪污资源化利用率稳步提升，秸秆综合利用率达70%以上。新农村建设示范稳步扩大。创建19360个“四在农家·美丽乡村”示范点，覆盖70%行政村，受益群众1800余万人。

(3) 建立地理标志产业，狠抓农产品生产质量。贵州有“文化千岛”的美誉，“五里不识人，十里不同音”这是贵州文化多样性的表现。为了提升农业品质，抢占农产品市场，贵州的农产品打上“贵州文化”的标签，成为地理标志产品。截至2016年年底，贵州共有169件地理标志产品，其中贵阳市地理标志产品有10件，遵义市地理标志产品有33件，安顺市地理标志产品有18件，毕节市地理标志产品有22件，铜仁市地理标志产品有14件，六盘水市地理标志产品有20件，黔西南州地理标志产品有14件，黔南州地理标志产品有18件，黔东南州地理标志产品有20件（图3-2）。“贵州绿茶”获得国家农产品地理标志登记保护，是全国唯一省级茶叶区域农产品地理标志。“虾子辣椒”

“兴仁薏仁米”“威宁马铃薯”荣获中国百强农产品区域公共品牌。

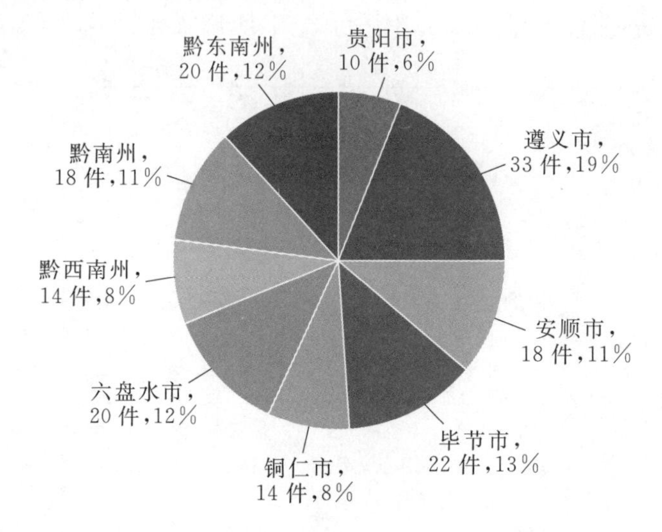

图 3-2　全省地理标志产品分布及比例

（4）创新体制机制，加速农村改革步伐。贵州农村改革，从 1978 年关岭县顶云公社率先试行“定产到组，超产奖励”，1980 年全省实行“包干到户”，1988 年创建毕节“开发扶贫、人口控制、生态建设”试验区，到 2005 年全省取消农业税，再到现今的“推进农村一二三产业融合发展”的乡村振兴实施意见，充分体现了贵州紧跟中央精神，将解决“三农”问题作为重中之重，抓住改革机遇，创新体制机制，全面激活农业农村发展动能，将改革红利不断释放。全省 88 个县、968 个乡镇、2523 个村开展“三变”改革试点，326.7 万农村人口人均增收 530 元，其中 61.5 万贫困人口人均增收 1104 元。农村产权制度改革稳步推进，完善承包地“三权分置”制度，农村土地流转率提高 16.5 个百分点，土地适度规模经营水平不断提升。

2018 年 5 月贵州省印发《贵州省 2018 年农村“三变”改革工作方案的通知》，规定“三变”的主要内容如下：①推动资源变资产，在抓好农村承包地等确权和集体资产清产核资的基础上，引导将农村集体耕地、林地、草原、“四荒地”等资源性资产和房屋、建设用地、基础设施等经营性资产及气候资源等无形资产，协商评估作价，协议投资入股企业、合作社及其他实体，取得股份权利；②推动资金变股金，引导将政府投入到农村形成的集体积累和存量资产，及各级财政投入到农村的发展类扶持资金（补贴类、救济类、应急类资金除外），在不改变资金姓“农”的前提下，量化为村集体或贫困农户持有的

股金，集中投入到农业企业、合作社等新型经营主体，同时撬动社会资本投入，实行按股分红、利益共享；③推动农民变股东，引导农民以其自有资金物资、设备、技术或劳动力、土地经营权、宅基地使用权、集体资产股权等资源资产协商评估作价，协议投资入股经营主体成为股东，或组建集体经济合作社、农民专业合作社，通过集体经营或合股联营，推进产业适度规模经营，按股分红获利，拓宽农民持续增收渠道。

（5）建设现代山地特色高效农业，提高农业综合生产能力。在“十二五”期间重点推进的八大特色优势产业基础上，结合全省五大新兴产业发展总体要求，立足区域优势和产品优势，“十三五”期间，把生态畜牧业、蔬菜、茶、马铃薯、精品果业、中药材、核桃、油茶、特色杂粮和特色渔业等十大产业作为结构调整的重点，构成现代山地特色高效农业产业体系（主要指标见表3-1）。贵州2016年全省依托优势特色产业，建立现代高效农业示范园区，以推进农业结构调整和产业升级为目标，将园区作为促进现代农业发展的平台和载体，打造成全省农业主导产业发展的核心集聚区、先进科技转化的中心区、生态循环农业的样板区、现代农业技术的示范区、新型农民的培养区、体制机制创新的试验区。形成了省市县乡四级农业园区体系，园区总数达到1014个，其中省级农业示范园区发展到385个，市县乡级农业园区达到629个。

表3-1　　贵州省“十三五”现代山地特色高效农业发展主要指标

类　别	指　　标	2015年	2020年	指标
主要农产品产出水平和规模	粮食总产量①/万t	1180	≥1100	约束性
	油料产量①/万t	101.55	>100	预期性
	肉类产量①/万t	201.94	230	预期性
	禽蛋产量①/万t	17.33	25	预期性
	奶类产量①/万t	6.2	20	预期性
	蔬菜产量②/万t	2942	3400	预期性
	茶叶产量②/万t	22.4	40	预期性
	马铃薯产量①/万t	1188.1	1600	预期性
	水果产量②/万t	397	460	预期性

续表

类　别	指　　标	2015 年	2020 年	指标
主要农产品产出水平和规模	中药材面积②/万亩	546.83	700	预期性
	核桃面积②/万亩	1000	1500	预期性
	特色杂粮产量②/万 t	117.4	220	预期性
	水产品产量②/万 t	24.98	47	预期性
	油茶产量②/万 t	7	12	预期性
农业技术装备水平	农业机械总动力②/万 kW	2575.15	3000	预期性
	耕种收综合机械化水平②/%	25.5	40	预期性
	农业科技进步贡献率②/%	45.42	53	预期性
	高标准农田②/万亩	600	1623	预期性
新型经营主体	省级以上龙头企业②/个	543	800	预期性
	农民合作社②/家	24000	50000	预期性
	星级家庭农场②/家	50	500	预期性
农业结构调整	畜牧业总产值占农业总产值比重①/%	24.29	30	预期性
	经济作物占种植业的比重②/%	60	> 60	预期性
	规模以上农产品加工业总产值②/亿元	1383	≥5000	预期性
	休闲农业营业收入②/亿元	29	≥47	预期性
农业可持续发展水平	农田有效灌溉面积②/万亩	2224	2624	预期性
	高效节水灌溉面积②/万亩	73	173	预期性
	农业灌溉用水有效利用系数②	0.451	0.48	预期性
	农作物秸秆综合利用率②/%	57	> 70	约束性
	规模畜禽养殖场废弃物处理设施比例②/%	70	> 75	约束性
	农膜当季回收率②/%	—	> 80	约束性
园区建设	全省农业示范园区②/个	500	>1200	预期性
	省级农业示范园区②/个	326	500	约束性

续表

类　别	指　　标	2015年	2020年	指标
农业产值与农民收入	第一产业增加值[①]/亿元	1640.62	2100	预期性
	农村居民人均可支配收入[①]/元	7387	13200	预期性

注　数据来源于《贵州省"十三五"现代山地特色高效农业发展规划》。

①　统计数据。

②　行业数据。

第二节　贵州水利扶贫现状

2013年11月，习近平总书记首次提出"精准扶贫"的思想，标志国家扶贫进入了以"六个精准""五个一批"为重点的精准扶贫和精准脱贫阶段。贵州是全国脱贫攻坚任务最为繁重的省份，是全国脱贫攻坚的主战场和决战区。到2015年年底，全省有农村建档立卡贫困人口493万人、9000个贫困村、66个贫困县，分别占全国的8.8%、7.0%和7.9%，贫困发生率14%，比全国高8.3个百分点。2017年贵州约有280万人贫困人口，比2012年减少农村贫困人口670.8万人，贫困发生率从26.8%下降到8%以下。现有贫困人口贫困程度更深、减贫成本更高、脱贫难度更大。

水利扶贫作为精准扶贫的基础支撑，切实解决因水利基础设施薄弱和管理体制不健全，引发因水受困、因水成疾、因水致贫现象导致的贫困地区水利发展瓶颈问题。贵州水利精准扶贫，肩负着改善贫困地区水利基础设施的重任，遵循中央一系列关于精准扶贫的政策要求，争取中央和地方财政的支持，发挥行业扶贫的力量，多种举措合理安排工程布局，通过政策、资金、人才、技术等资源，全力、全面帮助贵州贫困地区和贫困人口增强发展能力，实现脱贫致富。

水利和贫困两者的关系而言：一是穷在水上——水问题导致贫困；二是难在水上——水工程建设难度大；三是出路和希望也在水上——水利扶贫取得显著成效。

1. 水问题导致贫困

贵州贫困地区分布与水资源禀赋条件高度相关，许多地方穷在水上、难在水上，因水受困、因水成疾、因水致贫的问题十分突出。

（1）工程性缺水致贫。全省许多地方特别是贫困地区缺少有调蓄能力的水库，缺乏稳定可靠的供水水源，缺水严重影响了农业、养殖业和农产品加工等产业发展。

（2）农田水利基础设施薄弱致贫。许多地方灌溉依靠“望天水”，农民缺少旱涝保收的基本口粮田，遇到干旱年份，粮食大幅减产甚至绝收，粮食得不到保障。

（3）饮水不安全致贫。量的不安全：许多地方人畜饮水困难，干旱时节需要到很远的地方找水挑水，大量农村劳动力禁锢在背水和挑水上（人工载运）。质的不安全：一些地方由于水污染导致饮用水水质不达标，农民由于缺水而收集“房盖水”“屋檐水”饮用，人畜因饮水生病而致贫。

（4）洪涝灾害致贫。许多地方由于河道治理滞后，防洪标准达不到要求，山洪灾害频发，给人民生命财产带来重大损失。

（5）生态恶化致贫。贫困地区大多属于水土流失重点防治区和生态环境脆弱区，大量的水土流失导致生态恶化，土地贫瘠。

2. 水利工程建设难度大

全省三大集中连片特困地区（滇桂黔石漠化片区、武陵山片区和乌蒙山片区）普遍山高水低，山地和丘陵占93%以上，生态环境脆弱，受特殊地形地貌的限制，水资源开发成本高、难度大，水利基础设施十分薄弱，加大了脱贫攻坚、同步小康的难度。例如全省贫困地区“十二五”期建设的81座抗旱规划小型水库平均成本远高于30元/m^3全国平均水平。

3. 水利扶贫取得显著成效

（1）从全省的情况来看，全省水利工作“十二五”成效显著，进入“十三五”后又再次提速。

“十二五”期间，水利投入创历史新高，“十二五”期间，全省共投入水利建设资金1121.56亿元，是1949以来到“十一五”末总投资（365.8亿元）的3.1倍，是“十一五”总投资（233.56亿元）的4.8倍。骨干水源工程建设全面提速，新开工建设骨干水源工程156座，是“十一五”期间新开工项目个数的9倍。民生水利发展惠及广大群众，解决了1301万农村居民和199万农村学校师生饮水安全问题，新增有效灌溉面积466万亩，新增农村水电装机112

万 kW，治理水土流失面积 1.15 万 km^2，实施中小河流治理项目 454 个，综合治理河长 1213km，治理病险水库 934 座。水利改革取得显著成效，小型水利工程产权改革、基层水利服务体系建设、水务一体化管理体制改革等均取得较大突破。

“十三五”期间，全省水利建设再次提速。2016 年落实水利投资 383.5 亿元，比 2015 年增长 2.7%，全年共完成水利投资 345.5 亿元，比 2015 年增长 4.4%。2016 年新开工建设 61 个骨干水源工程，其中大型水库 1 座（黄家湾水利枢纽），中型水库 14 座，小型水库 46 座，新增设计供水能力 6.16 亿 m^3，2016 年年底，全省水利工程供水能力达到 112.5 亿 m^3。

2017 年计划完成水利投资 340 亿元，实际全年共落实 395.9 亿元，较 2016 年小幅增加；完成投资 386.3 亿元，比 2016 年增长 11.8%。2017 年共开工建设 63 个骨干水源工程，其中中型水库 16 座，小型水库 47 座，全部建成后新增设计供水能力 6.77 亿 m^3，2017 年年底，全省水利工程供水能力达到 116 亿 m^3。2015—2017 年贵州水利建设情况统计见表 3-2。

表 3-2　　2015—2017 年贵州水利建设情况统计表

年份	落实水利投资/亿元	完成水利（水务）投资/亿元	开工骨干水源工程数量
2015	373.56	330.94	50
2016	383.50	345.50	61
2017	395.90	386.30	63

（2）伴随着水利的建设步伐加快，各级水利部门积极开展水利扶贫工作，成效十分明显。

1）精心编制“十三五”规划。在编制水利发展综合规划和专项规划时，优先将贫困地区符合条件的项目纳入规划，大幅提高贫困地区规划项目的占比。同时，编制专项规划《贵州省水利扶贫规划（2011—2020 年）》《安顺市石漠化片区水利精准扶贫示范区建设实施方案》《威宁县水利扶贫规划（2016—2020 年）》以及 20 个极贫乡镇水利扶贫等规划和实施方案，明确水利扶贫的目标任务、工作内容和保障措施，为水利扶贫工作提供指导。

2）以政策为支撑，向贫困地区倾斜支持。在国家有关政策的基础上，结合贵州实际，制定出台倾斜支持政策和措施，加快推进贫困地区水利改革发展。针对三大集中连片区、20 个极贫乡镇和安顺市石漠化片区水利精准扶贫示范区的水利项目，对项目前期工作开辟绿色通道，优先安排审查批复，及时下达投资计划。提高50个国家级贫困县小型水库的省级以上补助资金比例，其中望谟、册亨、赫章、威宁、道真等5个特困县省级以上补助资金比例从工程总投资的60%提高到90%，其余45个贫困县从60%提高到80%。

3）积极开展典型示范。认真贯彻落实《水利部、贵州省人民政府关于推进安顺市石漠化片区水利精准扶贫示范区建设的指导意见》，编制了《安顺市石漠化片区水利精准扶贫示范区建设实施方案》，扎实抓好安顺市石漠化片区水利精准扶贫示范区建设，为石漠化片区水利精准扶贫提供可复制、能推广的成功模式，在全省范围内推广应用。

4）加强水利人才帮扶。建立以对口帮扶、干部挂职等为主要渠道的帮扶机制，从厅机关、厅直属单位、水利技术科研单位选派优秀干部和技术人员到贫困地区挂职和驻村帮扶，帮助当地做好水利项目咨询、技术把关等工作，促进项目早日开工建设。对贫困地区引进水利专业技术人才开辟绿色通道。加强技术培训，2011年以来共举办了82期各类培训班，为贫困地区培训水利干部9270人次。

（3）以项目为载体，扎实推进贫困地区水利基础设施建设。大力推进骨干水源工程、农村饮水安全、农田水利、防洪减灾以及生态修复等工程建设，努力改善贫困地区水利基础设施条件。

1）着力抓好骨干水源工程建设，城乡供水保障能力显著提升。2011年以来，在贫困地区新增建成了11座中型水库和一批小型水库，黔中水利枢纽一期工程成功下闸蓄水，贫困地区水利工程设计供水能力从65亿m^3增加到78亿m^3；新开工建设了夹岩水利枢纽等208座骨干水源工程，项目建成后年均可新增供水能力30.8亿m^3。

2）着力抓好农村饮水安全工程建设，农村广大群众和学校师生饮水安全问题得到有效解决。采取地表水与地下水开发利用相结合的方式，大力实施农村饮水安全工程，因地制宜建设供水工程和供水管网，升级配套水处理设施，强化水源保护、水质保障和信息化建设；在地表水资源缺乏地区与地矿部门配合通过打机井开发利用地下水。通过实施农村饮水安全工程累计解决了贫困地区2000多万农村人口及学校师生的饮水安全问题，其中2011年以来解决了1384万人的饮水安全问题。

3）着力抓好农田水利工程建设，农村灌溉基础设施不断完善。通过建设小塘坝、小渠道、小泵站、小堰闸、小水池等“五小水利”工程，实施盘江等大中型灌区续建配套与节水改造、小型农田水利重点县建设、规模化节水灌溉增效示范等项目，2011 年以来贫困地区新增及恢复耕地灌溉面积 324 万亩，农田灌溉水有效利用系数从 2010 年年底的 0.419 提高到 2016 年年底的 0.458，有效提升了粮食产量。

4）着力抓好中小河流和病险水库治理，防洪减灾能力有效提升。2011 年以来，通过在贫困地区实施 428 个中小河流治理项目，病险水库除险加固 852 座，建设和完善贫困地区所有县（市、区）山洪灾害防治工程措施和非工程措施，有效保护了重点城镇、居民区及重点耕地的防洪安全。

5）着力抓好水土保持和农村水电建设，生态环境进一步改善。大力实施坡耕地综合治理、重点小流域治理及农业综合开发水土保持等项目，2011 年以来共治理贫困地区水土流失面积 $12431km^2$；通过实施小水电代燃料、水电新农村电气化县、农村水电增效扩容改造和农村水电扶贫等项目，使贫困地区 10 多万人实现了小水电替代生活燃料，新增小水电装机 96 万 kW，探索建立通过开发农村水电促进农民增收的长效机制。

第三节　农田水利建设面临的形势和任务

一、农田水利在当前乡村振兴及脱贫攻坚中的重要性认识

党的十九大和 2018 年中央 1 号文件对实施乡村振兴战略作出了重大决策部署，国家《乡村振兴战略规划（2018—2022 年）》明确了实施乡村振兴战略的步伐。乡村振兴战略是决胜全面建成小康社会、全面建设社会主义现代化国家的重大历史任务，是新时代做好“三农”工作的总抓手。贵州作为一个农村比例较大的省份，拥有 55.9％的乡村人口和 83.65％的农村用地，也是一个贫困省份及全国脱贫攻坚的主战场，面临的形势更加严峻。近年来，贵州农村水利建设为了达到美丽乡村要求与满足群众美好生活需求，着力解决基础设施“短板”问题和“最后一公里”问题。在新时期乡村振兴战略背景下，贵州农田水利建设面临着新的形势和任务。主要体现如下：

（1）努力提高水利工程供水能力，保障乡村产业兴旺和人居生活所需。贵州实施乡村振兴战略，加速推进农村一二三产业融合发展，目标到 2020 年，全省规模以上农产品加工业总产值达到 5000 亿元，乡村旅游和休闲农业年接待 15 亿人次以上。随着产业兴旺和人口的突增，贵州农村水资源承载力明显不足，预测到 2020 年需水量为 149.4 亿 m^3，从目前情况看还有 33.4 亿 m^3 缺口，不少地方供水能力严重不足。因此，应科学有效地保护水源地，合理开发利用水资源，以农田水利工程为载体，建设农村节水型社会，保障农村产业发展和人居生活用水，助推乡村振兴的良性发展。

（2）巩固提升农村饮水安全工程，打赢脱贫攻坚重要一役。目前贵州还有 4248 个村组 173.75 万建档立卡贫困人口存在饮水不安全问题，许多地方存在农村饮水安全不巩固、易反复等问题。2018 年 7 月继脱贫攻坚“春风行动”之后，贵州全面发起 2018 年脱贫攻坚“夏秋攻势”暨全面解决农村饮水安全攻坚决战行动，要求年内解决 88.41 万建档立卡贫困人口饮水安全问题，启动实施 279.54 万人（其中建档立卡贫困人口 82.7 万人）饮水安全项目，奋力夺取脱贫攻坚关键之年的决定性胜利。

（3）改善农田水利设施薄弱环节，着力解决“最后一公里”问题。全省农田有效灌溉面积 2300 多万亩，耕地灌溉率 35%，还有近 65%的耕地缺乏有效灌溉，耕地灌溉率、灌溉水利用系数均明显低于全国平均水平，许多灌溉工程未考虑田间地头灌溉设施配套建设，灌溉供水功能不足。特别是今年贵州实施了一场农业产业革命，全年累计完成蔬菜种植 2000 万亩（次），投产茶园 560 万亩，生态家禽出栏 2 亿羽、禽蛋产量 25 万 t，食用菌种植 20 万亩（亿棒），中药材种植 683 万亩，进一步优化粮经作物比重，调减 500 万亩玉米种植，产业扶贫带动 100 万贫困人口脱贫。但是农田水利设施薄弱，灌溉用水配水和人畜饮水安全发展滞后，依靠“望天水”的生产方式已不能适应乡村振兴、产业兴旺的要求。因此，补齐农田水利基础设施“短板”，着力解决“最后一公里”问题顺应当前贵州脱贫攻坚和农村经济大跨步的发展要求。

（4）推动美丽乡村建设，开启农村生活污水治理新征途。牢固树立和践行“绿水青山就是金山银山”的理念，推动乡村生态振兴，打造农村宜居水环境建设工程，构建“百姓富、生态美”的美丽新农村。2018 年小康水行动计划升级版要求加强农村生活污水处理，到 2020 年，全省行政村和 30 户以上自然

村寨生活污水治理覆盖率达到90%，总投资184.16亿元，有条件的地区推进城镇污水处理设施和服务向城镇近郊的农村延伸，在离城镇较远、人口密集的村庄建设污水处理设施进行集中处理，人口较少的村庄推广建设户用污水处理设施，开展生活污水源头减量和尾水回收利用，鼓励具备条件的地区采用人工湿地、氧化塘等生态处理模式。

（5）加快农田水利发展步伐，为深化水利改革谱写新篇章。全面深化改革是推动水利发展的根本动力，近年来水利系统坚持解放思想、与时俱进，坚持政府市场“两手发力”，不断改革创新，着力破解制约水利发展的体制机制难题，全面推进水利各项改革向纵深发展，在小型水利工程产权制度改革、基层水利服务体系能力建设、农业水价综合改革以及拓宽水利投资融资渠道方面取得新突破。改革不停顿，发展无止境。随着水利改革攻坚持续深化，释放更多的改革红利，农田水利也随之跃上新台阶。

二、实施乡村振兴战略对农田水利建设提出的总体要求

实施乡村振兴战略是党的十九大作出的重大决策部署，是决胜全面建成小康社会、全面建设社会主义现代化国家的重大历史任务，是新时代“三农”工作的总抓手。新形势下乡村振兴战略对农田水利建设也有新的要求。

（1）支撑农业绿色发展，加强水资源保护与利用。加强农田水利基础设施建设，实施耕地质量保护和提升行动，到2022年农田有效灌溉面积达到10.4亿亩，耕地质量平均提升0.5个等级（别）以上，农田灌溉水有效利用系数提高到0.50，节水灌溉率达到64%以上。构建大中小微结合、骨干和田间衔接、长期发挥效益的农村水利基础设施网络，着力提高节水供水和防洪减灾能力。科学有序推进重大水利工程建设，加强灾后水利薄弱环节建设，统筹推进中小型水源工程和抗旱应急能力建设。巩固提升农村饮水安全保障水平，开展大中型灌区续建配套节水改造与现代化建设，有序新建一批节水型、生态型灌区，实施大中型灌排泵站更新改造。推进小型农田水利设施达标提质，实施水系连通和河塘清淤整治等工程建设。推进智慧水利建设。深化农村水利工程产权制度与管理体制改革，健全基层水利服务体系，促进工程长期良性运行。实行水资源消耗总量和强度双控行动，深入推进农业灌溉用水总量控制和定额管理，建立健全农业节水长效机制和政策体系。

（2）改善农村人居环境，提升“小康水”品质升级。以建设美丽宜居村庄为导向，农田水利以水资源良性循环和水环境有效保护为主攻方向。做好农村饮水安全巩固提升和人居生活污水治理两个方面，构建供排水耦合联结的水资源良性循环。到2020年，全省100%行政村和30户以上自然村寨实现农村饮水安全工程全覆盖，农村集中供水率达到85%以上，自来水普及率达到80%以上，水质达标率整体有较大提高；农村生活污水处理覆盖率达到90%，总投资184.16亿元；纳入农村人居环境建设的山塘及农村河道全部完成治理，三年共治理山塘2549座、农村河道8493km，总投资83.23亿元；100亩以上集中连片耕地实现有效灌溉，发展耕地灌溉面积344万亩，总投资103.31亿元。并建立以县为单位的农村饮水安全巩固提升工程、农村生活污水处理工程、农村山塘及河道治理工程、小型水利灌溉工程等管理机构，明确管护主体，制定管理制度，明确管护职责，落实管护经费，建立健全确保工程持续良性运行、群众长期受益的管理体制和长效运行机制。

（3）提高农民参与程度，创新收益分享模式。农田水利工程长期无法良性运行，重要原因之一是农业水价形成机制不合理，农业水价总体偏低。贵州农业水价普遍低于供水成本，根据抽样调查，全省目前农灌供水成本为0.107元/m^3左右，核定水价为0.039元/m^3左右，核定水价占成本水价的36%，加上水费的实收率仅15.61%，实收水费仅占到供水成本的5.62%（全国平均实收水费为供水成本的26.97%）。水费收不上，农田水利运行不畅，农业产业发展不力，农民收益就会受影响。因此，为促进农田水利工程良性运行，深化水价改革，明晰农业初始水权，鼓励农民开展多种形式的合作与联合，依法组建农民用水户合作社联合社，强化农民作为市场主体的平等地位，积极参与产业融合发展。借鉴推广各地“三权”促“三变”的成功经验，将农田水利工程的所有权、管理权、使用权等权限因地制宜明确给村集体组织和村民，赋予其流转、入股、抵押、担保和收费等多种权能，产权人通过开发经营、租赁、入股分红等方式获得经济收益，提取部分收益作为工程维修养护经费，实现工程设施从公益性工程向可产生收益资产转变、建设资金向可带来分红回报股金转变、农民向股东转变。一方面增加了农民收益，促进农民增收致富；另一方面有效增加了工程维修养护经费，保障工程良性运行，实现“工程有归属、管理有主体、维护有经费、效益长发挥、农民得实惠”的目标。

三、打赢全省脱贫攻坚战中农田水利面临的任务

任务一：以深度贫困地区为聚焦点，加速实施饮水安全巩固提升工程，切实改善贫困群众的生活条件，加大省级资金的投资强度和倾斜支持力度，优先解决全省173.75万建档立卡贫困人口的饮水安全问题，到2020年实现30户以上自然村寨农村饮水安全工程全覆盖。

任务二：紧紧围绕贫困地区的脱贫攻坚产业发展布局方案，以发展高效节水灌溉，完善灌排设施体系为重点，科学选择各类农作物、经果林和集中畜禽养殖业的需水定额，抓紧复核已有的水利扶贫实施方案，进一步优化调整供水、配革方案设计、优先建设实施、及早打通“最后一公里”、为支持贫困地区实现发展产业脱贫提供坚实的水利支撑。

任务三：拓展资金融资方式，优化项目建设管理。积极争取国家支持，争取中央专项资金及中央延续现有补助。加强统筹整合，省级、市县级财政在现有资金渠道内加大对农田水利的支持力度，整合财政转移支付、土地出让金、小型农田水利建设专项资金、农村饮水安全、农村扶贫开发、以工代赈等不同渠道资金，拓宽投融资渠道，利用好脱贫攻坚城乡供水巩固提升子基金等各类基金参与农田水利建设。优化项目建设管理，进一步简化审批程序，减少前置条件，缩短审批时限。充分调动农民群众和社会力量参与农田水利建设和设施管护的积极性，建立健全“三有”制度，即“有管护制度、有专人负责、有运行维护经费”，完善基层水利服务体系，明确责任主体、管理职责和管理措施，确保工程持续良性运行、长期发挥效益。

第四章　贵州山区高效节水灌溉发展

贵州是一个工程性缺水的省份。虽然贵州年均降雨量在1200mm左右，水资源总量1141.2亿m^3，居全国第九位，人均水资源量2800m^3，居全国第十位。但是贵州水资源时空分布很不均衡，加之喀斯特地貌分布广，山高坡陡，地形破碎，保水能力差，有水留不住，易涝易旱，灾害频繁。因此，为了建设节水型社会，把节水放在突出位置，将水资源可持续利用作为农村经济社会发展的关键问题，提高渠系水利用效率和田间水利用效率，加强水资源的规划与管理，协调生活、生产和生态用水。

贵州经过“十五”和“十一五”节水灌溉规划、高效节水灌溉“十二五”和“十三五规划”近二十年时间，由各级水利部门牵头，发展改革、财政、农委、国土等部门配合，实施了全国节水示范项目、大型灌区续建配套与节水改造工程项目、国家重点支持的节水灌溉示范项目及雨水集蓄灌溉项目等多项节水灌溉项目，并通过中央财政农田水利设施建设项目、贵州小型农田水利重点县项目建设和山区现代水利试点建设等农田水利项目以及其他部门支农涉水项目如千亿斤粮食产能建设田间工程、农业综合开发、国土整治项目的实施来完成高效节水灌溉项目，对项目区产生了社会经济效益和生态效益，并辐射周边地区。本章总结以往农田水利节水灌溉项目，划分三个关键发展阶段，凝练项目实施经验，以促进高效节水灌溉更好地发展。

第一节　节水灌溉快速发展阶段

1996—2010年为节水灌溉快速发展阶段。节水灌溉快速发展阶段是贯彻落实中央提出的“把节水灌溉作为一项革命措施来抓”的要求，大力发展农田水利节水灌溉。贵州先后完成了34个全国节水示范项目并通过验收，累计完成投资7128.7万元；建成9个以节水为主要目标的大型灌溉续建配套改造工

程；国家重点支持的节水灌溉示范项目及雨水集蓄灌溉项目；推广普及了雨水集蓄利用工程的运用；以节水增效为目标的小型水利产权制度和大型灌区以承包、租赁、股价合作、拍卖等形式为主的建设与管理制度改革正在试点和推广；对节水灌溉的工程、技术、管理等方面课题的科研工作已取得初步成果。全省设有300个重点县节水灌溉项目、末级渠道改造项目及地方重点支持的节水灌溉项目。

截至2009年年底，贵州常用耕地面积2636.73万亩，其中有效灌溉面积1631.12万亩，占耕地面积的61.9%；节水灌溉面积638.72万亩，占耕地面积的24.2%。节水灌溉面积中渠道防渗灌溉面积543.96万亩，占节水灌溉面积的85.2%；低压管灌面积74.72万亩，占节水灌溉面积的11.7%；喷灌面积6.63万亩，占节水灌溉面积的1.04%；微灌面积13.41万亩，占节水灌溉面积的2.1%，如图4-1所示。“十一五”期间是贵州节水灌溉事业增长最快的时期，通过各种节水措施，使贵州灌区灌溉水利用系数从不足0.37提高到0.45左右。

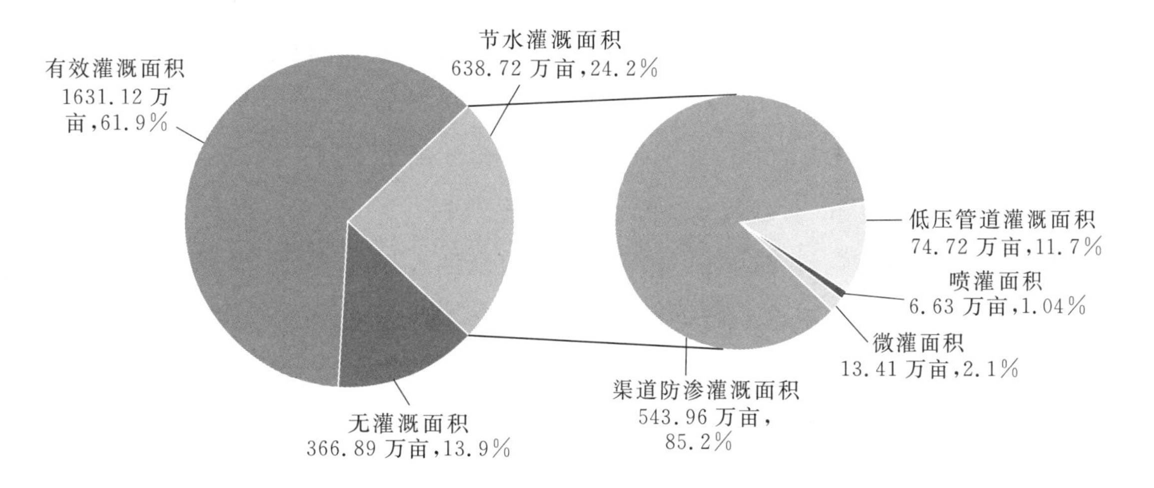

图4-1　2009年贵州省节水灌溉面积占比图

一、节水灌溉发展思路

贵州节水灌溉发展的主要思路是加强灌溉工程的节约用水管理，初步形成以政府推动、规划指导、效益引导、投资带动、管理促动的节水灌溉体系。大型灌区续建配套与节水改造、中型灌区节水配套改造、小型农田水利工程建设

补助等项目的实施以及节水灌溉贷款贴息、农民购买节水灌溉设备购置补贴等政策的落实，带动一大批节水灌溉工程项目，特别是设施农业区喷灌、微灌等先进节水灌溉技术得到较好应用。

二、节水灌溉项目概况

（一）大型灌区节水灌溉

贵州大型灌区建于20世纪50—70年代，由于建设标准低、管理不足、年久失修，渠系水和灌溉水利用系数降低，控制灌溉面积萎缩，造成农业抗旱及生产能力下降，无法支撑当时社会经济发展。因此，贵州积极响应全国大型灌区改造规划，2001—2008年有10个大型灌区列入全国规划，开始对大型灌区进行改造，以节水增效为中心，水利建设为主，加大对渠首工程、干支渠道及排水沟等骨干工程新建与改造，配以节水灌溉技术及制度、斗农渠衬砌、产业结构调整等田间工程，有效改善农业生产环境。

贵州目前有金黔灌区、黎榕灌区、湄凤余灌区、乌中灌区、安西灌区、盘江灌区、铜东灌区、瓮福灌区、兴中灌区、遵义灌区10个大型灌区。分布在贵州3个自治州、4个地级市中的39个县，所在地国土面积32564km^2，占全省国土总面积的18.5%，耕地总面积6857.47km^2，占全省耕地面积的39.2%，其中规划灌溉面积2208.00km^2，有效灌溉面积1700.53km^2（其中水田1422.73km^2，旱田277.80km^2），实灌面积1441.80km^2。

灌区规划分为两个时期：2001—2008年纳入国家规划初步改造时期，2009—2020年完成基本改造任务时期。2001—2008年全省大型灌区规划总投资212291万元，其中骨干规划投资137896万。实际完成投资50291万元，其中中央投资33920万元，地方投资16371万元，完成骨干投资比例25%。2009—2020年规划总投资533831万元。各灌区规划投资概况见表4-1。

表4-1　各灌区规划投资概况　单位：万元

灌区名称	2001—2008年			2009—2020年	
	规划总投资	实际		规划	批复
		中央	地方		
金黔灌区	13600	3400	1624	43559	—
黎榕灌区	23300	3350	1606	42624	7000

续表

灌区名称	2001—2008 年			2009—2020 年	
	规划总投资	实　际		规　划	批　复
		中央	地方		
湄凤余灌区	16400	3880	1843	40096	128
乌中灌区	20800	5180	2480	67205	—
安西灌区	31692	5150	2550	69915	5500
盘江灌区	33100	—	—	47059	7500
铜东灌区	25900	2600	1300	62764	8000
瓮福灌区	17600	4580	872	70310	—
兴中灌区	19700	4480	2546	28731	2364
遵义灌区	10199	1300	1550	61568	—
合计	212291	33920	16371	533831	30492

灌区改造后，到 2010 年灌区所在地有人口 902.16 万人，其中农业人口 807.56 万人。灌溉可供水量 219139 万 m^3，年灌溉需水量 161921 万 m^3，新增节水能力 47505 万 m^3/a。新增灌溉面积 $120.33km^2$，恢复灌溉面积 $363.93km^2$，改善灌溉面积 $303.13km^2$，灌区内农业灌区内主要生产水稻、小麦、油菜、烤烟、玉米、豆类等作物，农业总产值 1494928 万元，农民人均收入 6491 元，粮食单产由原来的 $0.50\sim0.77kg/m^2$ 增至 $0.66\sim0.88kg/m^2$，粮食单产平均新增 $0.15kg/m^2$，年新增粮食生产能力 169.00 万 t（表 4－2），在灌溉稳定的保障下，农民积极调整种植业结构，例如采取粮-经结合模式，大力发展大棚西瓜、蔬菜、冷水养殖等。

表 4－2　　2010 年灌区基本概况

灌区名称	灌区属地	土地面积 /km^2	规划面积 /km^2	有效灌溉面积 /km^2	灌区人口 /万人	农业总产值 /万元
金黔灌区	毕节市	4110	211.8	123.33	107.95	194888
黎榕灌区	黔东南州	3651	225	209.33	46.85	124654
湄凤余灌区	遵义市	2388	217.13	184.33	69.42	193800

续表

灌区名称	灌区属地	土地面积/km^2	规划面积/km^2	有效灌溉面积/km^2	灌区人口/万人	农业总产值/万元
乌中灌区	铜仁市	2910	226.67	174	65.5	186600
安西灌区	安顺市	2232	209.33	192.87	191.73	271800
盘江灌区	黔西南州	4942	264.4	161	107.38	111800
铜东灌区	铜仁市	4470	218.2	208.2	89	122700
瓮福灌区	黔南州	3503	213.33	153.53	68	158586
兴中灌区	黔西南州	1828	220	154.4	67.42	112000
遵义灌区	遵义市	2530	202.13	139.47	88.91	18100
合　计		32564	2208	1700.53	902.16	1494928

截至2010年，全省灌区累计完成工程量：新建渠道546km，改造2953km，衬砌1813km，总长度5312km，累计完成渠道长度占规划长度的38.6%，累计完成渠道长度占批复长度的84.8%，配套率达65%；新建建筑物1128座，占批复的95.9%，占规划的85.2%；改造建筑物2875座，占批复的98.2%，占规划的57.5%；田间工程渠道总长10468km，完成率17.1%，配套率30%（表4-3）。

表4-3　　2010年大型灌区骨干工程累计完成工程量及效益表

灌区名称	灌溉渠道/km		新建建筑物/座	改造建筑物/座	新增灌溉面积/km^2	灌溉水利用系数	年新增节水能力/万 m^3	年增产粮食/万 t
	新建	改造						
金黔灌区	45.31	167.1	2	816	6.13	0.45	4107	14.00
黎榕灌区	73.86	197.6	680	292	10.73	0.51	8749	19.70
湄凤余灌区	—	570.5	—	1087	7.53	0.51	848	16.60
乌中灌区	71.67	345.7	—	38	18.33	0.51	2726	15.00
安西灌区	75	399.7	22	324	25.73	0.47	9106	16.20
盘江灌区	23.715	28.0	4	—	0.53	0.45	1756	20.80
铜东灌区	10.4	426.4	—	59	3.07	0.45	7208	19.30

续表

灌区名称	灌溉渠道/km		新建建筑物/座	改造建筑物/座	新增灌溉面积/km²	灌溉水利用系数	年新增节水能力/万 m³	年增产粮食/万 t
	新建	改造						
瓮福灌区	136	278.4	32	173	22.80	0.53	6086	14.40
兴中灌区	110	398.5	388	69	25.47	0.54	5863	18.20
遵义灌区	—	141	—	17	—	0.47	1057	14.90
合计	546	2953	1128	2875	120.33	—	47505	169.00

乌中、盘江大型灌区骨干工程如图 4-2 和图 4-3 所示。

图 4-2　乌中大型灌区骨干工程

图 4-3　盘江大型灌区骨干工程

（二）中型灌区高效节水灌溉

由于贵州喀斯特山区特征，导致地形没有平原支撑，为了农业规划发展，

建设中型灌区节水配套改造项目符合贵州灌区的现实情况。贵州中型灌区是促进贵州节水型社会建设、新农村建设的关键环节，也是保护生态环境的重要举措，在贵州的农业生产及国民经济中具有举足轻重的地位。

1. 1万～5万亩中型灌区建设情况

贵州一般中型灌区76个，设计灌溉面积158.51万亩，有效灌溉面积89.55万亩。由于贵州经济社会发展落后，水利建设投入不足，截至2010年，一般中型灌区还没有安排实施节水配套改造。

2. 5万～30万亩中型灌区建设情况

贵州省重点中型灌区42个，其中：贵阳市有6个、六盘水市有2个、遵义市有4个、安顺市有2个、铜仁市有5个、黔西南州有1个、毕节市有5个、黔东南州有11个、黔南州有6个。贵州省重点中型灌区名录见表4-4，设计灌溉面积302.40万亩，现状有效灌溉面积162.34万亩。截至2010年，重点中型灌区已进行节水配套改造的有5个，分别是：铜仁市江口县的梵净山灌区、遵义市绥阳县的后水河灌区、黔南州涉及三都荔波独山三县的芒勇灌区、黔东南州天柱县的鱼塘灌区和贵阳市花溪区的松柏山灌区。

重点中型灌区大多为多水源灌区，灌溉水源以蓄水工程、引水工程和提水工程为主，规划修建干支渠沟长度7413.04km，干支沟渠修建建筑物共3076座。设计取水流量169.30m^3/s，设计取水能力23.91亿m^3，设计灌溉面积302.4万亩，有效灌溉面积162.34万亩。灌区设计保证率$P=75\%\sim80\%$，现状实际灌溉保证率只有$P=40\%\sim60\%$。灌区渠系水利用系数很低，大部分为0.35～0.50。

表4-4　贵州省重点中型灌区名录

市（州）	个数	灌区名称
贵阳市	6	翁井联合灌区、乌当灌区、岩鹰山水库综合灌区、息烽中部灌区、红迎灌区、松柏山灌区
六盘水市	2	六枝中型灌区、盘南灌区
遵义市	4	东风灌区、怀南灌区、官长灌区、后水河灌区
安顺市	2	镇南灌区、型江河灌区
铜仁市	5	松江灌区、万圣灌区、九龙灌区、舞阳河灌区、梵净山灌区

续表

市（州）	个数	灌 区 名 称
黔西南州	1	贞龙灌区
毕节市	5	红旗灌区、草海灌区、威西灌区、金沙金东灌区、松平灌区
黔东南州	11	旧州灌区、里禾灌区、仰阿莎灌区、镇远灌区、亮江河灌区、都柳江灌区、巴拉河灌区、龙泉灌区、江洞灌区、思州北部灌区、鱼塘灌区
黔南州	6	芒勇灌区、小龙灌区、平罗灌区、广顺灌区、匀南灌区、匀东灌区
合 计		42

2006—2010年共有松柏山水库灌区、后水河灌区、官长灌区、鱼塘灌区、金沙金东灌区、梵净山灌区、芒勇灌区、东风灌区、红旗灌区9个中型灌区投入建设，总投资14962万元，其中中央投资9000万元，地方投资5962万元。目标效益为改善灌溉面积23.84万亩，新增灌溉面积31.07万亩，新增节水能力14889万m^3，新增粮食生产能力5577万kg，见表4-5。

表4-5 贵州省重点中型灌区概况

年度	灌区名称	投资计划/万元			目 标 效 益			
		合计	中央	地方	改善灌溉面积/万亩	新增灌溉面积/万亩	新增节水能力/万m^3	新增粮食生产能力/万kg
2006	松柏山水库灌区	1440	1000	440	0.95	1.17	434	210.40
2007	后水河灌区	1912	1000	912	0.66	2.42	1120	322.96
2007	官长灌区	1800	1000	800	1.69	0.83	646	236.52
2008	鱼塘灌区	1440	1000	440	7.79	6.7	990	1406.90
2008	金沙金东灌区	1800	1000	800	0.66	2.34	987.43	314.16
2009	梵净山灌区	1440	1000	440	1.99	4.13	1681	625.20
2009	芒勇灌区	1530	1000	530	5.01	5.85	7602	1074.40

续表

年度	灌区名称	投资计划/万元			目标效益			
		合计	中央	地方	改善灌溉面积/万亩	新增灌溉面积/万亩	新增节水能力/万 m³	新增粮食生产能力/万 kg
2009	东风灌区	1800	1000	800	1.38	1.06	1020	235.38
2010	红旗灌区	1800	1000	800	3.71	6.57	408.60	1151.60

中型灌区虽然在不断进行管理体制改革，但由于历史原因和灌区本身配套系统的不完善，灌区管理体制与机制仍然比较落后，跟不上新时期灌区发展的管理要求，急需进一步深化灌区管理体制改革。贵州中型灌区如图 4－4 所示。

图 4－4　贵州中型灌区

三、取得的成效与经验

（1）国家政策的支持和各级领导的高度重视，以及准备充分的前期工作是

贵州高效节水灌溉事业发展的关键。中央五中全会就强调要普及节水灌溉、增加灌溉面积，并明确提出“九五”期间要在全国分期分批建设300个节水增产重点县。2005年贵州编制了《贵州省节水灌溉发展“十一五”规划》，实施的每个节水灌溉示范点都有切实可行的建设方案和准备充分的前期工作，使贵州的节水灌溉面积有了较大的增长。

（2）因地制宜建设高效节水灌溉工程。贵州近年完成的示范项目，利用率总体较好，但由于贵州是以夏旱、春旱为主的季节性干旱，在旱季工程发挥作用很大，在雨季工程的使用率较小，造成灌溉工程使用时间较短，设备闲置容易发生故障。这种情况下农民容易接受一些较为简易的因地制宜的节水灌溉工程，而一些标准较高的工程，由于操作较复杂，设备保管、维护较麻烦，对人员素质要求较高，农民不愿使用，因此在贵州目前的情况下，示范项目的建设应结合当地的实际情况，以简便、易行、实用为主，对一些相对集中标准又较高的部分，一般是采用承包和租赁等形式，便于管理。

（3）重视高效节水灌溉示范项目建设，以高效节水灌溉示范项目为“龙头”带动全省节水灌溉工程的发展。自1996年开展节水灌溉示范项目以来，对于总结推广贵州节水灌溉措施、模式及调整农业种植结构和高效节水起到了明显的辐射示范、带动作用。如1999年市政府批准建设的贵阳蔬菜高科技示范中心，中心节水建设以大棚的渗灌、滴灌及露地复合型电脑自动化控制微喷灌为主，同时引进和开发蔬菜优新品种、新技术、新设施、新材料，具有科教、培训、技术咨询服务、蔬菜观光、休闲等功能，实现了经济、社会、生态效益的统一协调发展，被省、市有关部门授予“贵州省节水灌溉示范基地”“贵州省青少年科技教育培训基地”“贵阳市节水灌溉示范基地”“贵阳市农机示范基地”等，起到了很好的示范作用。

（4）对高效节水灌溉建设项目施行严格的质量管理。目前贵州对示范项目的质量管理，从项目立项、工程施工建设到验收，整个过程都作了严格、有效的管理，项目建设严格实行“三制”，施工过程严格实行“三检制”。为了确保节水工程项目按确定的目标完成，不断建立健全项目建设管理机制，严把项目设备材料关、施工单位招标关、施工质量监督关，一方面，在原材料供应上，

积极推行政府采购或投招标的方式，为工程高质量完成提供了物质基础；另一方面，在施工队伍选择上，实行严格的资格审查、资质认定，为工程高质量完成提供了技术条件，各项目在建设中严格执行质量监督，成立了工程质量项目站，严格要求各施工单位建立健全质量保证体系，监理单位建立质量检查体系，质监部门建立健全质量监督体系，并经常组织有关部门人员到项目上检查、督促。

（5）对高效节水灌溉工程采取灵活多样的管理模式。贵州高效节水灌溉工程的管理针对不同地区和不同形式采用灵活多样的管理模式，现行的管理模式有：与农户签订合同，由农户自管，由市（县）水利局下的实体单位管理（如水管所、水利公司），采取承包、租赁或股份合作等经营管理模式，对喷灌、滴灌等管理水平要求较高、经济效益较好的部分，采取承包、租赁等模式，既有利于农业产业结构的调整，又有利于管理及水费的收取。

（6）建立灌溉试验站网，为节水灌溉建设提供技术支撑。根据水利部有关要求，贵州正在大型灌区和节水示范项目中建立10个灌溉实验站，配合省级灌溉试验中心站开展全省各种节水灌溉工程技术试验研究。

（7）采取灵活多样的水费收缴机制。2000年贵州开始水价改革，农业灌溉用水水价在三年内逐步调整到成本价。水费的征收一般由乡村两级代收，但现在贵州在灌区和节水示范项目中大力推行农民用水合作组织，成立用水户协会，改进收费办法，由于管理部门直接收取，减少收费环节，提高水费收缴率。

（8）通过发展高效节水灌溉，增加了农民收入，促进了农业结构调整和现代农业的发展。如黔南州都匀王司节水灌溉综合开发示范工程从以前种玉米、红薯全部调整为种植优质经果林，项目区果树进入盛产期后，300多户农户户均可稳定增收2000元以上。

（9）依托大型灌区节水续建配套建设，迅速提升了贵州的节水灌溉水平。自1999年陆续进行大型灌区节水续建配套以来，加强了贵州灌区水利基础设施建设，灌溉条件明显改善，逐步改变了工程配套不完善及工程老化、年久失修、垮塌、水毁等病害严重与灌面逐年衰减的局面，迅速提升了贵州的节水灌溉水平，取得良好经济效益和社会效益。

第二节　高效节水灌溉发展初期

一、初期发展思路

以科学发展观为指导，积极践行可持续发展治水思路，大力发展民生水利，以水资源高效利用和提高农业综合生产能力为目标，以发展喷灌、微灌和管灌为主要措施，经济作物区和粮食主产区并重，重点示范和大力推广相结合，资源节约和转变农业发展方式相促进，通过建立政府主导、农户参与、科技支撑、专业服务、企业配合、社会支持的机制，加快工程建设，强化管理改革，推进产学研结合，健全技术服务，大力发展贵州高效节水灌溉，促进农田水利现代化、农业现代化和水资源可持续利用。

二、高效节水灌溉项目概况

2011年6月贵州为了贯彻落实2011年中央1号文件，编制出台了《贵州省高效节水灌溉项目“十二五”实施方案》，规划全省高效节水灌溉面积136.62万亩，其中：管灌面积100.58万亩，喷灌面积23.57万亩，微灌面积12.47万亩。另外改造高效节水灌溉面积42.36万亩，新增94.26万亩。实施高效节水灌溉工程改造部分总投资50832万元。

1. 总体布局

贵州高原山地居多，全省地貌可概括为高原山地、丘陵和盆地三种基本类型，其中92.5%的面积为山地和丘陵；耕地分散，且相互之间高程差别大，现有灌区水源以水库、引水和提水为主，大中型灌区都是由小灌区打捆而成，灌溉设施落后，以渠道为主，灌溉水利用率低下；水资源总量相对丰富，但山高水低的地形地貌致使大多随洪水流走，工程性缺水严重；民族众多，经济社会发展落后，地区生产总值在全国排名靠后，人均收入处于全国中等水平以下；粮食作物以水稻、玉米和薯类为主，经济作物以油料、烤烟和蔬菜为主。

本阶段节水灌溉发展的总体布局为：大型灌区发展节水灌溉面积239.75万亩，其中新增节水灌溉面积29.95万亩，改造节水灌溉面积209.80万亩，

高效节水灌溉面积中管灌面积 11.66 万亩，喷灌面积 3.55 万亩，微灌面积 7.39 万亩；中型灌区发展节水灌溉面积 73.80 万亩，其中新增节水灌溉面积 29.16 万亩，改造节水灌溉面积 44.64 万亩，高效节水灌溉面积中管灌面积 5.75 万亩，喷灌面积 2.53 万亩，微灌面积 1.21 万亩；小型灌区发展节水灌溉面积 1031.51 万亩，其中新增节水灌溉面积 763.10 万亩，改造节水灌溉面积 268.41 万亩，高效节水灌溉面积中管灌面积 77.54 万亩，喷灌面积 14.85 万亩，微灌面积 8.23 万亩；纯井灌区发展节水灌溉面积 1.24 万亩，其中新增节水灌溉面积 0.57 万亩，改造节水灌溉面积 0.67 万亩；非耕地灌区发展节水灌溉面积 57.14 万亩，其中新增节水灌溉面积 21.00 万亩，改造节水灌溉面积 36.14 万亩，高效节水灌溉面积中管灌面积 4.51 万亩，喷灌面积 2.64 万亩，微灌面积 2.29 万亩。全省发展节水灌溉措施面积 70.00 万亩。

全省高效节水灌溉总体上以管灌、喷灌和微灌为主（图 4－5、图 4－6），在水资源紧缺的中部地区重点发展低压管灌，在水资源相对丰沛的东南部地区重点发展喷灌及田间节水，在水资源相对欠缺的西北部地区重点以雨水集蓄工程与低压管灌、滴灌相结合的旱地节水灌溉模式为主。

图 4－5　2012 年白云区牛场乡微灌

图 4-6　2012 年湄潭县鱼泉镇喷灌

2. 发展重点

（1）大型灌区续建配套节水改造建设。大中型灌区一般是全省主要的粮食生产基地，对维护全省粮食安全和社会稳定具有不可忽视的作用，因此，发展大型灌区的节水灌溉面积很重要，应该成为全省节水灌溉发展的重点区域。大型灌区续建配套节水改造建设工程有专项规划和国家财政的支持，应当以此作为发展全省节水灌溉的机遇，大力发展大型灌区节水改造工程的建设。大型灌区发展节水灌溉面积 239.75 万亩，其中新增节水灌溉面积 29.95 万亩，改造节水灌溉面积 209.80 万亩，高效节水灌溉面积中管灌面积 11.66 万亩，喷灌面积 3.55 万亩，微灌面积 7.39 万亩。

（2）中型灌区。截至 2015 年，重点中型灌区已进行节水配套改造的有 16 个，分别是：毕节市威宁县的威西灌区、铜仁市江口县的梵净山灌区、松桃县的松江灌区、思南县的万圣灌区、遵义市绥阳县的后水河灌区、黔南州芒勇灌区（涉及三都、荔波、独山三县）、惠水县的小龙灌区、平罗灌区（涉及平塘县和罗甸县两县）、长顺县的广顺灌区、都匀市的匀南灌区、黔东南州天柱县的鱼塘灌区、剑河县的仰阿莎灌区、岑巩县的思州北部灌区、六盘水市六枝特区的中型灌区、盘县的盘南灌区和贵阳市花溪区的松柏山灌区。

（3）以黔中水利枢纽为代表的新建灌溉工程建设。黔中水利枢纽工程是以灌溉和城乡供水为主，兼顾发电等综合利用，并为改善区域生态环境创造条件的大型水利基础设施项目，是西部大开发中贵州水利建设的标志性工程，也是贵州最大的水利枢纽工程。黔中水利枢纽工程由水源工程、灌区工程、贵阳供水工程（含贵阳渠道供水工程和贵阳借库提水工程）、安顺供水工程组成，总投资约60亿元。工程开发目标是解决黔中地区用水安全，进而保障区域粮食生产安全和经济社会可持续发展。黔中水利枢纽灌溉耕地面积65.14万亩，将作为全省高效节水灌溉发展的重点。

（4）节水灌溉规模化试点项目建设。《"十一五"贵州省节水灌溉规划》规划有100个节水灌溉示范工程，点多面广，从100个节水灌溉示范工程中选出60个作为高效节水灌溉示范重点工程，优先实施。全省节水灌溉示范项目重点工程规划节水灌溉面积13.5万亩，其中，低压管灌6.3万亩，喷灌5.04万亩，微灌2.16万亩。要把节水灌溉规划的规模化试点项目建设方案作为重点建设工程，以点带面，带动全省高效节水灌溉的发展。节水灌溉规划有6个规模化试点建设项目，分别是黔南州瓮福灌区规模化试点项目建设方案、铜仁地区德江县规模化试点项目建设方案、黔东南州锦屏县规模化试点项目建设方案、安顺市西秀区规模化试点项目建设方案、六盘水六枝特区规模化试点项目建设方案和毕节地区威西灌区规模化试点项目建设方案。

（5）全国300个节水增产重点县建设。国家"九五"期间批准的在全国建设300个节水增产重点县中贵州占3个县，分别是思南县、普安县和罗甸县。国家为此专门制定了重点县的建设目标和任务、组织形式及管理体制，为各个重点县的节水灌溉建设指明了方向。把思南县、普安县和罗甸县作为节水灌溉发展的重点，以县为单位做好县级单位的节水灌溉示范工作，为其他县的节水灌溉工作提供经验和教训，进而推动全省各县的节水灌溉工作的开展。

（6）水资源紧张和季节性缺水地区的节水工程建设。发展节水灌溉主要受水资源条件的约束，因此要把贵州水资源紧张和季节性缺水地区作为全省节水灌溉发展的重点。根据《"十一五"贵州省节水灌溉规划》对全省分区的成果，贵州节水灌溉的发展的重点区域应该是黔中地区和西部地区。

三、取得的成效与经验

贵州省作为西南地区山地农业省份，农业发展在国民经济中占有重要地

位，农田水利基础设施建设在各级水利、发改、财政、农业、国土等相关部门的支持下，灌溉基础设施条件不断改善，农业发展保持良好势头。

2015年，贵州省耕地面积6806万亩，扣除25°以上陡坡耕地面积后全省宜耕地面积5249万亩；灌溉面积1607.82万亩，其中耕地有效灌溉面积1598.15万亩，林果草灌溉面积7.62万亩；节水灌溉面积488.38万亩，其中高效节水灌溉面积175.05万亩（喷灌面积35.94万亩，微灌面积29.79万亩，管灌面积109.32万亩），高效节水灌溉占灌溉面积10.9%；全省农田灌溉水有效利用系数0.451。贵州2015年灌溉发展情况统计见表4-6。

表4-6　　　　贵州2015年灌溉发展情况统计表

地　区	灌溉面积/万亩	节水灌溉面积/万亩	高效节水灌溉面积/万亩				高效节水灌溉占灌溉面积比重/%
			小计	喷灌	微灌	管灌	
贵阳市	116.35	42.40	5.46	0.73	0.00	4.73	4.7
六盘水市	80.05	36.17	29.07	0.03	0.05	28.99	36.3
遵义市	384.94	51.50	1.57	0.39	0.00	1.18	0.4
安顺市	113.81	51.39	36.07	13.81	8.26	14.00	31.7
铜仁市	159.94	59.26	21.89	3.48	0.68	17.73	13.7
毕节市	178.69	83.73	23.09	0.00	2.18	20.91	12.9
黔西南州	131.98	32.19	32.18	15.02	8.22	8.94	24.4
黔东南州	235.97	61.00	10.78	0.72	5.97	4.09	4.6
黔南州	206.09	70.74	14.94	1.76	4.43	8.75	7.3
合计	1607.82	488.38	175.05	35.94	29.79	109.32	10.9

贵州受到山多地少、经济发展相对落后等因素制约，农田水利基础设施建设基础较为薄弱，高效节水灌溉发展水平远低于全国平均水平，高效节水灌溉占灌溉面积比重仅11%，发展潜力巨大。贵州节水灌溉工作虽取得了初步成效，但目前还存在一些问题与困难。

（1）建设难度大，资金投入不足。发展山地高效特色农业是贵州未来农业发展的重点方向，是实现农业增效、农民增收、农村发展的重要抓手。但是山地高效现代农业对水利基础设施建设要求高，且区域内可灌面积有限，不能做到平原地区大面积灌溉，导致亩均高效节水灌溉建设成本高。贵州是贫困山区省份，财政困难，建议国家继续加大对贵州的高效节水灌溉工作扶持力度，资金投入以中央财政为主、地方和社会资本为辅，同时加大亩均高效节水灌溉投资标准。

（2）管护机制未健全，建后管护相对滞后。水利工程管理体制未完整落实，管理单位多种，产权不明晰，运行管理和维修养护经费不足，水价严重偏低，计收不力，国有资产管理运营体制不完善，影响工程良性运行。

（3）技术含量高，推广体系不健全。节水灌溉技术产学研联系不够紧密，技术集成少，成果转化慢。缺乏节水灌溉行业准入制度，节水灌溉设备质量良莠不齐，未形成专业化社会化服务队伍，指导发展高效节水灌溉。高效节水灌溉技术含量高，农民科技意识不强，节水意识薄弱，对高效节水带来的经济、社会、生态效益示范宣传力度不够，还未形成大范围推广高效节水灌溉技术体系。

第三节　高效节水灌溉发展关键时期

一、发展思路

深入贯彻“节水优先、空间均衡、系统治理、两手发力”的治水方针，把农业节水作为方向性、战略性大事来抓，纳入农业供给侧结构性改革的重点任务，落实“藏粮于地、藏粮于技”战略，以水资源节约保护、高效利用为核心，以区域规模化高效节水灌溉工程建设为重点，综合集成农艺、农技、农机等措施，创新工程管理体制和运行管护机制，深入推进农业水价综合改革，全面提高农业用水效率和效益，促进农业可持续发展。

二、高效节水灌溉项目概况

2017 年 4 月贵州为落实《中华人民共和国国民经济和社会发展第十三个五年规划纲要》关于“十三五”时期“新增高效节水灌溉面积 1 亿亩”的要求，编制出台了《贵州省“十三五”高效节水灌溉总体方案》，规划到 2020

年，贵州新增高效节水灌溉面积 76.38 万亩，其中：喷灌面积 15.00 万亩，微灌 5.00 万亩，管灌面积 56.38 万亩。其中省水利部门发展 72.38 万亩，省发改部门发展 0.50 万亩，省农发部门发展 1.00 万亩，省国土部门发展 1.50 万亩，省农委发展 1.00 万亩。总投资 22.94 亿元，其中省水利投资 21.74 亿元，省发改投资 0.15 亿元，省农发投资 0.30 亿元，省国土投资 0.45 亿元，省农业投资 0.30 亿元。

花卉种植高效节水灌溉项目如图 4－7 所示。

图 4－7　花卉种植高效节水灌溉项目

（1）大、中型灌区续建配套和节水改造项目。《全国大中型灌区续建配套节水改造实施方案（2016—2020 年）》要求完成对灌区渠首、骨干输水渠道、排水沟、渠系建筑物等进行配套完善和更新改造，提高工程配套率、完好率；加强灌区量测水设施建设，夯实水价改革基础，提高工程计量率和水资源监督管理能力；深化灌区管理体制与运行机制改革，落实改革配套措施；加强先进实用科技成果推广应用，因地制宜加强灌区信息化建设。自 2013 年先后实施 9 个大型灌区和 15 个中型灌区，总投资 4.60 亿元，全省农田有效灌溉面积 2300 多万亩，耕地灌溉率 35％，对保障乡村粮食产量发挥了重要作用。

大中型灌区建设普遍存在地方基础条件不一、历史遗留问题较多、建设管理任务较重等客观因素影响，除此之外还有部分主观原因：①思想认识问题，

大中型灌区建设没有提高到保障国家粮食安全、促进全面建成小康、支撑地方经济社会发展的高度来认识，片面地认为灌区工程不同于堤防、水库等其他水利工程，存在“重建轻管”“轻建轻管”思想；②改革力度问题，工作模式习惯于走老路弹老调，不善于学习借鉴一些好的经验做法，不敢直面困难和问题，缺乏啃硬骨头的决心和勇气。

今后大中型灌区建设要做到：①加快工程建设进度，全省各地紧扣“大中型灌区续建配套与节水改造项目当年投资当年完成90%以上”的年度目标，加快推进项目实施；②严把工程建设质量，百年大计、质量第一，必须把质量管理放在更加突出的位置，坚持进度服从质量，坚决防止重大质量事故发生，要规范项目法人的组建，充实行政及技术力量，研究制定施工细则、质量管理规定和工程验收标准；③确保灌区安全生产，切实担负起管行业必须管安全、管业务必须管安全的重要政治责任，既要抓好在建灌区的源头管控、现场监管，又要不断探索长效机制，深入推进在建项目安全生产标准化建设；④规范工程验收管理，对部分灌区项目验收工作“欠账”问题切实解决，加快验收工作推进；⑤及时开展绩效评价，认真梳理、盘点大中型灌区工程建设、管理等基本资料，组织开展大中型灌区续建配套节水改造绩效评估。

（2）中央财政小型农田水利建设及高效节水灌溉项目。自2013年以来，先后实施了76个小型农田水利重点县建设和42个项目县建设，总投资58.01亿元，建成小塘坝、小渠道、小泵站、小堰闸、小水池（窖）等“五小水利”工程50多万处。2016年完成高效节水灌溉面积13.45万亩，超任务面积1.45万亩，2017年完成高效节水灌溉面积13.2万亩。2018年7月省政府批复《贵州省“十三五”高效节水灌溉总体方案》。

（3）山区现代水利试点县及水利改革工作。2014年8月起，以全面深化水利改革和构建水生态文明理念为统领，以贵州100个现代高效农业示范园区为载体，以现代高效节水技术、自动化、信息化和水肥一体化技术为支撑，以完善“建、管、养、用”体系为主要内容，贵州省水利厅在息烽、惠水、紫云、思南四县启动实施了贵州山区现代水利试点项目，积极探索具有贵州特色的山区水利现代化建设新路子。通过山区现代水利试点建设，以现代高效农业示范园区核心区为“靶区”，建成现代高效节水技术和自动化、信息化技术的

现代水利灌溉系统；形成多部门、多渠道的资金整合方式和企业（大户）、专业合作社筹集资金的积极投入方式；建成产权明晰、职能清晰、权责明确、运行有效的分级管理体制；建成专业化与社会化管理相结合的维修养护机制；形成合理的水价形成机制和水费收取制度；形成有效的人才引进、培训机制；建立有效的监管制度；推行以水安全为核心的水生态文明建设。

自2014年实施以来，在全省已有26个县开展山区现代水利试点建设（表4-7），累计投资5亿元，其中省级补助资金3.9亿元，吸引企业投入和融资等各类资金1.1亿元。山区现代水利试点建设主要为高效农业示范区和特色农产品试点区提供高效节水灌溉配套措施，农业产业园示范区主要分布在小型灌区，种植有蔬菜、精品水果、花卉、粮食等经济作物，配套高效节水喷灌和滴灌技术，控制节水面积7.86万亩。

表4-7　　26个县山区现代水利试点建设情况

序号	产业园区名称	主要作物类型	高效节水技术	高效节水灌溉面积/万亩	所属灌区
1	惠水县涟江现代高效农业示范园区	蔬菜、花卉	喷灌	0.57	小型
2	凤冈县田坝有机茶叶生产示范园区	有机茶叶	喷灌	0.45	小型
3	龙里县湾滩河现代高效生态农业示范园区	蔬菜、水稻	管灌、喷灌	0.58	小型
4	息烽县红岩葡萄种植示范园区	葡萄	管灌	0.11	小型
5	赤水市金钗石斛示范园区	石斛、蔬菜、无花果、梨子	喷灌	0.24	小型
6	紫云县低热河谷早熟蔬菜产业示范园区	蔬菜	管灌、喷灌	0.14	小型
7	思南塘头现代高效农业示范园区	蔬菜、水果、食用菌、油菜	管灌	0.97	小型
8	桐梓县官仓现代高效农业示范园区	精品水果	管灌	0.22	小型
9	乌当区新堡生态休闲现代高效农业示范园区	葡萄	管灌	0.15	小型

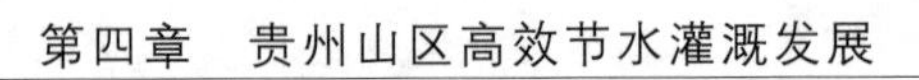

续表

序号	产业园区名称	主要作物类型	高效节水技术	高效节水灌溉面积/万亩	所属灌区
10	三穗县台烈现代生态农业示范园区	水果、蔬菜	管灌	0.07	小型
11	播州区枫香蔬菜现代高效农业示范园区	蔬菜	管灌	0.09	小型
12	贵安新区麻线河流域现代高效农业观光示范园区	葡萄、草莓、大棚蔬菜、大棚瓜果	喷灌	0.05	小型
13	义龙试验区顶效精品水果现代高效农业示范园区	桃树	喷灌	0.21	小型
14	湄潭县水湄花谷休闲观光现代农业示范园区	花卉	管灌	0.03	小型
15	万山区高楼坪现代高效农业示范园区	大棚蔬菜	喷灌	2.00	小型
16	仁怀市苍龙现代高效农业示范园区	葡萄、桃子	管灌、滴灌	0.12	小型
17	修文县猕猴桃农业科技示范区	猕猴桃	管灌	0.70	小型
18	贵定县黔南云雾湖示范园区	蔬菜	渠灌、喷灌	0.61	小型
19	罗甸县火龙果示范园区	火龙果	管灌、滴灌	0.30	小型
20	丹寨县蓝莓示范园试点区	蓝莓	管灌	0.10	小型
21	织金县桂果特色产业试点区	蔬菜	喷灌	0.13	小型
22	钟山区大河试点区	葡萄、花卉、果树	滴灌、喷灌	0.36	小型
23	福泉市马场坪江边寨山区现代水利试点区	葡萄、猕猴桃	喷灌、滴灌	0.09	小型
24	台江县（老屯）休闲观光农业试点区	蔬菜、精品水果、花卉	喷灌	0.05	小型
25	纳雍县库东关乡试点区	玛瑙红樱桃	滴灌	0.17	小型
26	习水县土城太极花海试点区	精品水果、水稻、油菜	管灌、渠灌	0.28	小型

（4）小型水利工程产权体制改革工作。2014年，贵州出台了《关于深入推进农村小型水利工程产权制度改革的意见》（黔府办发〔2014〕40号），全省在完成2个全国示范县、12个省级试点、13个市（州）级试点的基础上，2016年、2017年全面推进非试点县改革。利用“互联网＋改革”，开发了权证信息管理系统，对权证的申报、审核、颁证等实行网络化管理，实时跟踪改革进程。改革过程中，工程确权实行“三权剥离、分别明晰”制度创新，改革推行“赋权释能，强村惠民”，工程管护推行“政府购买服务、实行物业化管理”。比如，雷山县通过政府购买服务，由水利物业管理公司承担国有水利工程的管理；乌当区利用小型水利资产成立村级水务有限责任公司，承担辖区内小型水利工程运行管护和经营。截止目前，贵州调查摸底的40.44万处小型水利工程中，已明晰产权37.12万处、颁发产权证书33.5万处。

（5）农业水价综合改革。2014年，贵州成立了省级农业水价综合改革领导小组，领导小组办公室设在省水利厅。在实施贵定县和惠水县两个全国农业水价综合改革试点的同时，在26个山区现代水利试点县也同步推进。2017年省人民政府出台了《关于推进农业水价综合改革的实施意见》（黔府办发〔2017〕8号），省级财政单列8000万元开展10个省级试点县建设，同年在桐梓县召开了全省农业水价综合改革布置会，对全省农业水价综合改革工作推进进行了再部署。建立了省级农业水价综合改革工作督导和绩效评价机制，由省发改委、水利厅、财政厅、农委、国土资源厅分别督导9个市州和10个改革试点县的农业水价综合改革工作。2018年，省级财政将继续投入8000万元实施一批改革试点，并在所有中央财政农田水利设施建设项目县高效节水区域推行农业水价综合改革，并作为能否继续实施下一批次项目的重要考核因素。

全省目前的供水水价大致情况如下：

1）2011—2013年，各类水价变化不是很大，基本维持原有水平。水利工程源水价和农业灌溉用水水价较低，各地基本在0.2元左右，主要功能是防洪、发电、农灌，极少数水库有供水功能，但是大部分水库都没有收取源水费。

2）根据用水量中农业∶工业∶生活∶生态＝55∶27∶17∶1，水价方

面农业∶工业∶生活∶生态＝1∶16∶10∶1，在全部能收到水费的前提下，水费收入中农业∶工业∶生活∶生态＝55∶432∶170∶1。从这个比例可以看出，农业用水量巨大，农业水费缺少之又少，再加上很大一部分的地区都存在拒缴水费现象。在这种情况下，利用价格杠杆作用提高水资源的利用效率，开展农业水价综合改革对保持农田水利工程的良性运行十分必要。

3）2011—2013年，部分市州灌区水价。贵阳市小型水库的农业灌溉水价按照物价部门制定的50元/亩；黔南州全州农灌供水平均价为52元/亩。水价政策分三步逐渐调整到成本价，第一步水价为成本价的50%，即26元/亩（2001年），第二步为40元/亩（2002年），第三步为52元/亩（2003年以后）。遵义市全市15个县（市、区），全部存在向自来水工程提供原水供给，但只有9个县（市、区）核定了原水水价，价格水平为0.14～0.4元/m^3，平均水价不足0.21元/m^3。全市8个中型灌区国有骨干工程审核批准的农业供水成本价为45～60元/亩，2002年后仍执行22.5～30元/亩。全市设立国有管理机构的小（1）水库灌区有66个，其审核批准后的供水成本价为42～65元/亩，2002年后只有25个灌区仍执行22～32.5元/亩，尚有41个灌区难以执行批准的新水价，仍执行6.5元/亩。全市有小（2）型水库以上394个小型灌区未设立国有管理机构，其中，小（1）型水库灌区25个，小（2）型水库灌区369个，其审核批准的供水成本价为40～60元/亩，2002—2004年仅有260个左右灌区执行了20～30元/亩第一步新水价，其余134个灌区未予执行。全市曾经在少数灌区开展过末级渠系水价管理试点工作，但没有取得任何成效。全市灌区仍实行原有的水费计价方式，即一个灌区同一个水价。

4）农业用水价格大部分按亩收费，各地收费差距较大，水产养殖最高可达52元/亩，有些地方直接就收不到水费，甚至没有执行农业水价。由于历史原因，大部分中小型水库建成后便未收取过农业水费，按照物价局制定的水价难于落实，甚至有些地区采取减半收费的措施，才能勉强收到极少数水费，农业水费的落实在各地都存在很大的困难，造成长期以来都未收取过农业水费。据统计，黔南州全州每年仅收取30万元左右，占应收2400万元的1.3%，农业灌溉水费收取率低。遵义市已设立国有管理机构的小型灌区，

截至2013年年底，水费收取率为0～15%，绝大部分因多年收取困难放弃了水费收取。未设立国有管理机构的小型灌区，2004年农村税费改革取消农业税后，基本无法收取。大部分市（州）都存在拒缴、缓缴、延缴、欠缴水费现象。

5）基层水务服务机构能力提升建设。2013年，贵州出台了《关于加强基层水务服务体系建设的实施意见》（黔水办〔2013〕45号），以县为单位，在不增加编制的前提下，通过整合原来分散在各乡镇水利站的编制，建立以小流域、灌区为单位的片区水务站（所、分局）。2017年年底结合乡镇调整，全省88个建制县中共有51个县（市、区、特区）组建了348个县级水务部门直管的基层水务站，其中326个为片区（或流域）水务站。安排资金1.31亿元用于基层水务服务机构能力提升建设，对200个片区水务站能力建设补助资金1.18亿元，对乡镇水务站能力建设综合奖补1223万元。并对基层水务举办了相关培训，有效提升了基层人员管理水平。

三、取得的成效与经验

（一）高效节水灌溉支撑产业发展

1. 高效节水灌溉助力特色优势五大产业的作用

水利是农村重要的基础设施，大力发展高效节水灌溉，推动贵州山区特色现代水利建设，做好农业节水工作，是深入推进农业供给侧结构性改革、促进水资源可持续利用、落实“藏粮于地、藏粮于技”战略、加快现代农业发展的重要举措。2016年6月30日《水利部、国家发展和改革委员会、财政部、农业部、国土资源部关于加快推进高效节水灌溉发展的实施意见》（水农〔2016〕239号）、2017年1月26日《水利部、国家发展和改革委员会、财政部、农业部、国土资源部关于联合印发〈“十三五”新增1亿亩高效节水灌溉面积实施方案〉的通知》（水农〔2017〕8号）和《省人民政府关于贵州省“十三五”高效节水灌溉总体方案的批复》（黔府函〔2017〕150号）等文件要求：以高效节水灌溉建设为重点，加快推进贵州省山区现代水利建设，同时加强农业园区高效节水灌溉配套设施建设，实现农业增效、农民增收。规划“十三五”期间新增高效节水灌溉面积76.38万亩，其中喷灌面积15.01万亩，微灌

5.00 万亩，管灌面积 56.39 万亩。2016 年实施 13.45 万亩，2017 年实施 15.38 万亩，2018—2020 年实施 47.55 万亩。到 2020 年，全省高效节水灌溉面积达到 250 万亩左右，新增粮食生产能力 0.48 亿 kg，新增年节水能力 0.75 亿 m^3，同步推进体制机制改革创新，充分发挥工程效益。通过农田水利基础设施建设，"十三五"期末全省农田灌溉水有效利用系数达到 0.51 以上。贵州"十三五"期间高效节水灌溉建设任务见表 4-8。

表 4-8　　贵州"十三五"期间高效节水灌溉建设任务　　单位：万亩

地　区	合　计	喷　灌	微　灌	管道输水灌溉
贵阳市	4.35	0.83	0.24	3.28
六盘水市	10.59	1.99	0.81	7.79
遵义市	11.93	2.28	0.97	8.68
安顺市	8.41	1.47	0.35	6.59
铜仁市	9.76	2.06	0.65	7.05
毕节市	4.93	0.86	0.30	3.78
黔西南州	6.93	1.85	0.34	4.74
黔东南州	10.08	1.83	0.79	7.46
黔南州	9.36	1.80	0.53	7.02
贵安新区	0.05	0.04	0.02	0
合计	76.39	15.01	5.00	56.39

贵州《省人民政府办公厅关于印发〈2017 年《政府工作报告》重点工作责任分工方案〉的通知》(黔府办发〔2017〕2 号)、贵州省水利厅《省水利厅关于下达 2017 年全省高效节水灌溉建设任务的通知》(黔水灌溉〔2017〕22 号）和贵州《省政府办公厅关于印发〈2018 年《政府工作报告》重点工作责任分工方案〉的通知》(黔府办发〔2018〕7 号）要求：2016 年高效节水灌溉建设任务为 12 万亩，2017 年高效节水灌溉建设任务为 19.45 万亩，2018 年高效节水灌溉建设任务为 16 万亩，如图 4-8 所示。

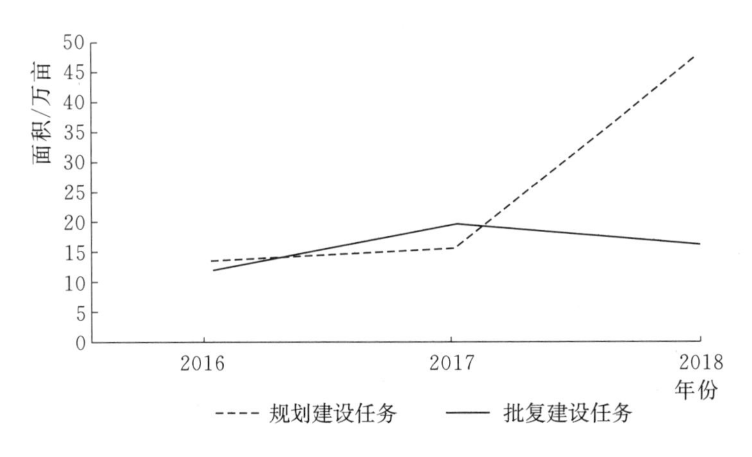

图 4-8　贵州高效节水灌溉建设任务规划与批复

“十三五”高效节水灌溉工程实施后，预计新增节水能力 0.61 亿 m^3/年，若每方水按 0.4 元/m^3 的综合单价计算，并考虑 0.45 的水利分摊系数，节水效益 0.11 亿元。新增高效节水灌溉面积 76.38 万亩，计划粮食播种面积 40.38 万亩，经果林种植面积 20 万亩，蔬菜种植面积 10 万亩，药材种植面积 6 万亩。预计 2020 年，新建高效节水灌溉面积可提高粮食产量 50～80kg/亩，新增粮食生产能力 0.48 亿 kg，增收 0.48 亿元。经济作物增收 2.48 亿元，累计增产总效益 2.96 亿元，考虑 0.45 的水利分摊系数后，水利增产效益 1.33 亿元。

实施高效节水灌溉项目低压管道工程按每亩省工 2.0～2.3 工日计算、喷灌按每亩省工 2.2～2.5 工日计算、微灌按每亩省工 2.5～2.8 工日计算，项目实施完成后可省工 163 万个工日（只按高效节水工程面积计）。按每个工日创造 15 元产值计，则省工总效益为 0.24 亿元，考虑 0.45 的水利分摊系数后，省工效益 0.11 亿元。

实施高效节水灌溉项目低压管道工程按每亩节地 0.015～0.020 亩计算、喷灌和微灌按每亩节地 0.025～0.030 亩计算，规划实施完成后可节地 1.57 万亩（只按高效节水工程面积计）。按每亩可创造 1000 元产值计算，则节地总效益为 0.16 亿元，考虑 0.45 的水利分摊系数后，节地效益 0.07 亿元。

实施高效节水灌溉项目低压管道工程按每亩节能 2.0～3.5kW·h 计算、喷灌和微灌按每亩节能 0.3～0.5kW·h 计算，规划项目实施完成后可节能 166kW·h（只按高效节水工程面积计）。若按 0.4 元/(kW·h) 计算，则节能总效益为 0.0066 亿元，考虑 0.45 的水利分摊系数后，节能效益 0.0030 亿元。

综上所述，实施高效节水灌溉项目可产生总效益1.62亿元。

2. 存在问题研究

(1) 建设难度大，资金投入不足。发展山地高效特色农业是贵州未来农业发展的重点方向，是实现农业增效、农民增收、农村发展的重要抓手。但是山地高效现代农业对水利基础设施建设要求高，且区域内可灌面积有限，不能做到平原地区大面积灌溉，导致亩均高效节水灌溉建设成本高。现全省山区现代水利才26个试点，总投资4.358亿元，相对于全省386.3亿元的水利投资较少，没有形成规模化和集约化，项目数量少，产生效益不明显。

(2) 农业产业单一，经营变动大。由于受贵州自然条件限制，贵州山区地形破碎，缺少平原支撑，因而种植经济作物的规模和品种较少，产业发展单一，种植经济价值不高。加之许多承包种植的企业或个体户追求种植经济利益最大化，经常变化种植物的品种，经营变动大，而不同的经济作物需要不同的高效节水技术（如水稻需给水栓灌溉、蔬菜需要微喷或滴灌、猕猴桃需要喷灌等)，使得许多山区现代水利的高效节水灌溉工程达不到最初设计的目的，不能发挥功能效益，影响节水灌溉技术的推广应用。

(3) 管护机制未健全，建后管护相对滞后。水利工程管理体制未完整落实，管理单位多种，产权不明晰，运行管理和维修养护经费不足，水价严重偏低，计收不力，国有资产管理运营体制不完善，影响工程良性运行。

(4) 技术含量高，推广体系不健全。节水灌溉技术产学研联系不够紧密，技术集成少，成果转化慢。缺乏节水灌溉行业准入制度，节水灌溉设备质量良莠不齐，未形成专业化、社会化服务队伍指导发展高效节水灌溉。高效节水灌溉技术含量高，农民科技意识不强，节水意识薄弱，对高效节水带来的经济、社会、生态效益示范宣传力度不够，还未形成大范围推广高效节水灌溉技术体系。

3. 应对措施研究

(1) 把大力发展高效节水灌溉作为贯彻落实党中央、国务院重大决策部署的重点工作来抓，建立部门统筹协调机制，明确目标责任，形成工作合力，确保完成贵州“十三五”高效节水灌溉建设任务。建议国家继续加大对贵州的高效节水灌溉工作扶持力度，资金投入以中央财政为主、地方和社会资本为辅。

同时加大亩均高效节水灌溉投资标准。

(2) 推行“合同节水管理”新模式，指“募集社会资本＋集成先进适用节水技术＋对目标项目进行节水技术改造＋建立长效节水管理机制＋分享节水效益”的新型市场化节水商业模式。其实质是通过由专业化的节水服务企业与用水户通过签订节水管理服务合同的方式，为用水户募集资本、集成先进技术，提供节水改造和管理等约定的服务，并以分享节水效益等方式回收投资、获得合理利润的新型节水服务，最终实现多方共赢。合同节水管理作为一种新的节水模式，是推进生态文明建设的一项重大制度创新，对于促进社会资本参与节水、发展节水服务业、推进节水型社会建设和绿色发展都具有重要意义。

(3) 规范建设管理，积极推行项目法人责任制、招投标制、建设监理制、合同管理制，以及社会公示、群众参与等行之有效的机制。完善质量监管体系，加强全过程质量管理，落实质量管理终身责任制。建立监督检查机制，采取联合检查、分部门检查、明察暗访、随机抽查等方式，及时督导建设进度、工程质量。

(4) 鼓励研发适合贵州省省情的高效节水灌溉技术和设备，推动高效节水灌溉技术和装备的综合集成与规模化、产业化发展。建立健全基层水利服务体系，提高服务能力和水平，切实发挥其在工程建设、运行维护、水费计收等方面的作用。加大对基层技术人员、管理人员和农户的培训力度。充分运用多种宣传方式，营造高效节水灌溉发展的良好氛围。

(二) 高效节水灌溉支撑产业脱贫

1. 高效节水灌溉助推产业脱贫的作用

《贵州省发展“一县一业”助推脱贫攻坚三年行动方案（2017—2019 年）》（黔府办发〔2017〕43 号）要求：在大力发展五大特色优势产业的同时，结合各地特别是深度贫困地区发展“一县一业”的经验做法，进一步做大、做优、做强精品水果、早熟马铃薯、薏仁米、酿酒用高粱、荞麦、特色生猪、优质肉牛肉羊、冷水鱼等区域特色明显的产业，加大冷链物流设施建设，提升农产品规模化、标准化水平，提高农产品品牌影响力和市场占有率，把深度贫困地区建成全省绿色优质农产品重要供应基地，把“一县一业”产业扶贫打造成为脱贫攻坚的“突击队”。“一县一业”助推脱贫攻坚产业发展数据表见表 4－9。

表 4-9　　“一县一业”助推脱贫攻坚产业发展数据表　　单位：万亩

年　份	精品水果	早熟马铃薯	薏仁米	酿酒用高粱	荞麦
2017	132	30	80	140	80
2018	163	50	90	145	90
2019	203	60	100	150	100

水利扶贫是新时期脱贫攻坚十大行动之一，水利是脱贫攻坚的中坚力量，在实施脱贫攻坚中发挥着基础性、先导性和保障性作用。2011 年起，扶贫的重点是片区扶贫，贵州水利厅组织编制了《贵州省水利扶贫规划（2011—2020年)》，规划范围为武陵山区、乌蒙山区和滇桂黔石漠化区中贵州 70 个县（市、区），以及非集中连片区外的 1 个国家扶贫开发工作重点县，共 71 个县（市、区），贵州水利精准扶贫项目实施有以来，切实解决了贵州贫困地区农村饮水安全、高效节水灌溉、重点水源保护、中小河流治理和小型病险水库除险加固、水土保持、河长制建设等突出问题，有效推进贫困地区水资源开发和水环境保护工作。2017 年计划完成水利投资 340 亿元，实际全年共落实 395.9 亿元，较 2016 年小幅增加；完成投资 386.3 亿元，比 2016 年增长 11.8%。2017 年共开工建设 63 个骨干水源工程，其中中型水库 16 座，小型水库 47 座，全部建成后新增设计供水能力 6.77 亿 m^3，“十三五”期可建成发挥效益。2017 年年底，全省水利工程供水能力达到 116 亿 m^3。解决了 1301 万农村居民和 199 万农村学校师生饮水安全问题。

按照国家扶贫区域政策划分，贵州属于 14 个集中连片特困地区的乌蒙山片区、武陵山片区、滇桂黔石漠化片区 3 个集中连片特困地区，共有 71 个贫困县，其中有 50 个国家扶贫开发工作重点县。按照《贵州省行业用水定额》(DB52/T 725—2011) 规定，71 个贫困县划分为 5 个农业灌溉分区，分别为：黔中温和中春、夏旱区（Ⅰ区)、黔东温暖重夏旱区（Ⅱ区)、黔北温暖中夏旱区（Ⅲ区)、黔西北温凉重春旱区（Ⅳ区)、黔西南温热中春旱区（Ⅴ区)。结合“一县一业”产业扶贫实施方案，将 71 个贫困县发展产业配套高效节水灌溉技术为：火龙果种植配套滴灌、猕猴桃种植配套喷灌、百香果种植配套滴灌、蓝莓种植配套滴灌、柑橘樱桃等果树种植配套喷灌或小管出流、早熟马铃薯种植配套滴灌、薏仁米种植配套小管出流或给水栓、酿酒用高粱配套喷灌。

滴灌净灌溉定额为60m^3/亩、喷灌净灌溉定额为70m^3/亩、管灌净灌溉定额为45m^3/亩，灌溉保证率为80%。如果71个贫困县的重点打造产业全部实施高效节水灌溉工程，预计节水31.663亿m^3。山区高效节水灌溉有效解决贫困地区缺水难的问题，并且能提高农产品的产量，增加贫困户的经济收入。

2. 存在问题研究

（1）水利基础设施薄弱仍然是决胜脱贫攻坚的明显短板。全省水资源总量1062亿m^3，水资源开发利用率只有10.9%，水利基础设施与实施乡村振兴战略、决胜脱贫攻坚、满足村民美好生活需求相比仍然有较大差距。

1）工程性缺水问题依然突出。全省2017年供水能力为116亿m^3，预测到2020年需水量为149.4亿m^3，缺口33.4亿m^3，贫困地区尤为突出；全省还有343个乡镇没有达到稳定供水水源标准，其中有285个乡镇在贫困地区。已建水源工程以小型为主，调蓄能力弱，保障能力差，截至2017年年底，全省已建成水库（以灌溉、供水为主的水利工程，不含以发电为主的电站水库）2146座，其中大型水库3座（黔中水利枢纽、红枫湖、百花湖，其中红枫湖、百花湖原为以发电为主的电站水库，后通过功能调整增加了供水功能），中型水库88座，大中型水库占全省蓄水工程数量的4.2%。

2）农村饮水安全还不巩固。目前全省还有4248个村组173.75万建档立卡贫困人口存在饮水不安全问题，部分地区存在饮水安全不巩固、易反复等问题，少数边远偏僻山村农村饮水安全工程还未覆盖。

3）农田水利建设仍需加强。目前贵州有效灌溉面积2300多万亩，耕地灌溉率约为35%，农田灌溉水有效利用系数为0.46，均低于全国平均水平。

4）防洪减灾能力有待提升。贫困地区防洪减灾基础设施薄弱，贵州规划在“十三五”期新增的273座病险水库除险加固和162个中小河流治理项目，分别有219座和134个位于贫困地区，占比分别为80.2%、82.7%。

5）生态环境比较脆弱。全省还有超过4万km^2水土流失面积和近3万km^2的石漠化面积没有治理，特别是贫困地区的许多地方生态环境十分脆弱，水生态环境文明建设任务非常艰巨。

6）深度贫困地区水利建设明显滞后。贵州深度贫困地区的14个深度贫困县、20个极贫乡镇和2760个深度贫困村限于自然地理条件和历史欠账较多等原因，水利基础设施建设总体上滞后于其他地区。

（2）投入不足成为贫困地区高效节水灌溉发展的重要制约因素。虽然近年来中央和省级财政不断加大对贫困地区的水利投入，但还远不能满足规划需求。“十三五”期间，全省水利建设规划总投资1580亿元，其中规划筹措方案中申请中央和省级财政投入1321（中央692，省629）亿元。但根据最近两年的资金情况，2016年中央资金80.2亿元，省级财政预算资金52.1亿元；2017年中央资金66.5亿元，省级财政预算资金60.6亿元，预计5年也仅为650亿元，达不到规划资金投入的要求。并且高效节水灌溉项目已完成投资4.358亿，相对于全省脱贫攻坚投入和水利投资较少。

（3）扶持贫困地区水利发展的优惠政策措施还需加强。水利部对水利扶贫工作十分重视，出台了相关政策措施，在资金投入、项目安排、技术和智力帮扶等方面向贫困地区倾斜支持；贵州也出台了一系列政策措施支持贫困地区水利改革发展。但从目前情况看，贫困地区特别是深度贫困地区水利基础设施条件仍明显低于全省平均水平，高效节水灌溉更是极少，需要进一步研究出台优惠政策措施，倾斜扶持贫困地区水利改革发展，为贫困地区决胜脱贫攻坚、与全国同步小康提供坚实的水利支撑和保障。

（4）贫困地区水利人才匮乏制约了水利改革发展。近年来通过多种举措加强贫困地区智力帮扶和人才引进，但贫困地区缺技术、缺人才的局面还没有从根本上得到改变，特别是缺乏高效节水灌溉应用推广的专业技术人才。

3. 应对措施研究

（1）加快推进水利基础设施建设。补齐、补强水利基础设施短板是水利扶贫工作的核心内容，是决胜脱贫攻坚的关键要素。加强贫困地区基础设施建设，是深化供给侧结构性改革和实现强农、惠农、富农的迫切需要和基础保障。2017年7月，贵州省省委、省政府作出了打造“四在农家·美丽乡村”基础设施升级版的重大决策部署，小康水行动计划升级版的实施内容和范围均有较大变化，在实施内容上除了继续抓好农村饮水安全和小型水利灌溉工程外，新增加了农村生活污水处理、农村宜居水环境建设和农村消防设施建设，实施范围扩大到覆盖30户以上的自然村寨。目前已由省水利厅牵头编制完成小康水行动计划升级版实施方案，计划在2018—2020年继续抓好农村饮水安全巩固提升工程，重点解决173.75万建档立卡贫困人口饮水安全问题，农村饮水安全工程全面覆盖30户以上村寨；实施小型水利灌溉工程，通过建设

"五小水利"工程、高效节水灌溉建设等，解决骨干水源工程未能覆盖和30户以上自然村寨周边100亩以上集中连片缺乏灌溉的耕地；实施农村宜居水环境建设工程，结合供水任务和农村人居环境整治要求，对全省30户以上自然村寨内以及村寨周边纳入农村人居环境整治范围的山塘和农村河道进行治理。

（2）做好产业扶贫项目用水保障工作。围绕现代山地高效特色农业、高效农业示范园区以及脱贫攻坚产业扶贫项目，抓好用水保障，实施好贫困地区小型农田水利项目、大中型灌区续建配套改造项目，着力解决产业扶贫项目的用水保障问题，助推产业扶贫。大力推进长距离管道输水，推广应用管灌、喷灌、滴灌等技术，提高耕地灌溉率和农田水灌溉利用系数，提升粮食产量，助力粮食安全。

（3）积极筹集建设资金。近年来，贵州通过积极争取财政加大投入、用好金融支持水利的优惠政策、充分发挥融资平台作用、吸引社会资本等方式多渠道筹集水利建设资金，全省水利投资架构由传统的财政投入为主逐步转变为财政投入、金融信贷和社会投入共同发力的格局，水利投入取得重大突破，有力保障了水利建设顺利推进。目前水利投融资面临新的形势和挑战，2017年财政部先后出台了50号文和87号文，进一步规范地方政府融资行为，取消了融资主体通过财政还本付息兜底进行贷款的融资模式。在新形势下，需要积极开拓新的融资渠道，采取多种方式、多渠道筹集水利建设资金，确保规划目标任务的全面完成。

（4）加大政策措施支持。在继续实施差别化投入政策、项目优先安排政策和抓好典型示范的基础上，进一步出台优惠政策措施支持贫困地区水利发展。进一步简化贫困地区水利项目招投标程序。根据《贵州省国有资金投资工程建设项目施工招标简易程序规定》，对贫困地区单项投资相对较小、主要由县级及以下基层单位负责组织实施的水利建设项目，积极推行施工招标简易程序，提高招标投标效率，降低招标投标社会成本。积极引导水利工程施工企业优先吸纳建档立卡贫困群众务工，助力脱贫攻坚行动。在水利工程的招投标中，在同工种、同质量、同薪酬的前提下，凡投标企业承诺优先吸纳当地建档立卡贫困群众从事劳务用工的，在其信用承诺项给予加分。

（5）实施技术支持和智力帮扶工程。十九大报告指出，打赢脱贫攻坚战要注重扶贫同扶志、扶智相结合，针对当前贫困地区水利人才和技术匮乏等问

题，需要进一步加强技术支持和智力帮扶。首先，继续强化对口帮扶，选派优秀水利干部到贫困地区挂职，继续抓好驻村帮扶等工作；其次，充分发挥水利科研院所、设计单位的优势，加强对贫困地区科技帮扶，深化贫困地区中小水利工程管理体制改革，加强贫困地区防汛抗旱和农田水利服务基层组织建设；再次，加大对贫困地区行政管理和工程技术人员培训，根据需求每年重点针对贫困地区举办水利管理和技术培训班，提高贫困地区水利管理水平和技术能力。

第五章　高效节水灌溉技术、应用、推广问题研究

第一节　高效节水灌溉技术研究

高效节水灌溉是对除土渠输水和地表漫灌之外所有输、灌水方式的统称。根据灌溉技术发展的进程，输水方式在土渠的基础上大致经过防渗渠和管道输水两个阶段，输水过程的水利用系数从0.3逐步提高到0.95，灌水方式则在地表漫灌的基础上发展为喷灌、微灌、直至地下滴灌，从水的利用系数0.3逐步提高到0.98。

1. 渠道防渗技术

我国自20世纪50年代开始就重视渠道防渗技术的研究和推广工作，全国各地根据各自的自然条件和特点，因地制宜地采用了各种不同的防渗材料和相应的防渗衬砌形。

渠道防渗是以开发性能好、成本低、易于施工、便于群众掌握的防渗新材料为中心，同时研究推广新型防渗渠道断面和衬砌形式，以达到提高渠系水的利用系数、节约投资和运行费用、防止土壤盐碱化、防止渠道损毁的目的。渠道防渗目前存在的主要技术问题有：衬砌技术成本较高，影响大面积推广，急需研究成本低、防渗性能好而又经久耐用的新材料与新型防渗技术；高寒地区渠道衬砌防冻胀技术有待进一步完善与深化，既要降低成本，又要提高衬砌寿命，并使之系统化；土层上的渠道衬砌也需要解决适应大变形问题；中小型渠道开挖与衬砌施工机械性能差、型号少，满足不了生产实际的需要，影响这项技术的大范围应用，急需改进与配套。渠道防渗工程如图5-1所示。

2. 低压管灌技术

我国低压管灌从20世纪50—60年代就开始试点，但因技术设备不配

图 5-1　渠道防渗工程

套、造价较高以及当时我国农村经济水平较低而未能大面积推广应用。进入20世纪80年代以来，随着我国北方水资源供需矛盾日益加剧，直接威胁到我国工农业生产的发展，为了节约农业用水，缓解北方水资源紧缺状况，这项节水技术得到各级政府部门和群众的重视，得以在北方平原井灌区迅速发展。

低压管灌是以管道代替明渠输水的一种工程形式，具有省水、节能、节地、管理方便的优点，利于提高灌水效率。低压管灌系统组成有水源与取水工程、输配水管网系统、给配水装置以及保护设备。

低压管灌发展的主要技术问题有：①适用于低压管灌的管件、安全保护装置、出水口等设备都很不配套，需要进一步定型配套逐步达到标准化、系列化、工厂化生产；②开发研究与低压管灌配套的田间地面移动多孔闸管以及量水设备；③渠灌区低压管灌适应条件、规划设计、优质低价大口径低压管材管件、施工安装和运行管理技术问题急需研究解决；④灌区管网系统规划设计及管道系统防泥沙淤积技术的研究；⑤高寒地区低压管道系统的抗冻问题。低压管灌工程如图 5-2 所示。

图 5-2　低压管灌工程

3. 喷灌技术

我国从 20 世纪 70 年代开始发展喷灌技术，经多年的努力，喷灌取得了比较显著的节水、增产效益。喷灌是利用压力管道输水，经碰头将水喷射到空中，形成细小的水滴，模拟降雨的形式，以满足作物需水。具有节约用水、增加农作物产量、提高农作物品质的作用，能有效结合自动化实现喷肥、喷药等。

当前存在的主要技术问题有：①喷灌关键设备耐久性差；②移动式喷灌快速接头漏水严重；③缺乏提高喷灌均匀度的控制设备；④山丘地区喷灌设备配套性差；⑤节能的喷灌设备，如恒压喷灌设备、喷灌泵站的自动调压控制系统及节能喷头等规格型号少，系列化程度低。这些技术问题在很大程度上制约了喷灌技术的推广应用，需要投入足够的人力和物力加以研究改进提高。喷灌工程如图 5-3 所示。

4. 微灌技术

我国的微灌技术发展是从 1974 年开始的，大致经历了三个阶段：1974 年到 20 世纪 80 年代初为第一阶段，此阶段主要是引进、消化和试制，科研单位和生产厂家联合试验，试制滴灌设备并在不同作物上开展试验，推广应用；第二阶段从 20 世纪 80 年代初至 90 年代初，为深入研究和缓慢发展阶段，主要

图 5-3　喷灌工程

针对滴灌设备品种少、不配套、质量差等问题，先后研制和改进了等流量滴灌设备、微喷灌设备、微灌带、孔口滴头、补偿式滴头、折射式和旋转式微喷头、过滤器和进排气阀等设备，在理论上总结出一套适合我国条件的设计参数和计算方法，建立了一批新的试验示范基地；第三阶段为20世纪90年代初以来，由于北方连年干旱，水资源更加短缺，国家对节水农业更加重视，投入相对增加，促进了微灌技术的发展，改进和研制出了新的微灌设备。

微灌是根据作物需水要求，通过管道系统与安装在末级管道上的灌水器，将水输送到作物根部附近的土壤表面或土层中去的灌水方式。具有灌溉水利用率高、压力低、节省能源、结合灌水施肥、对于土壤和地形的适应性强等优点。

微灌技术目前存在的主要问题和差距有：①微灌设备种类少、性能差、工艺水平落后，材质不耐老化；②水净化技术研究不够深入，过滤设备种类少，性能差，堵塞问题还没有解决，对含沙量高、污水、咸水等水质的微灌技术研究较少；③目前国内微灌主要作物仍是果树和蔬菜，对大田作物滴灌技术的大面积推广亟待研究解决；④管理水平差，设备生产自动化程度差、工艺落后，

造成产品质量低，推广应用上缺乏与生产责任制配套的管理体制，造成不少工程效益不能发挥，甚至报废。微灌工程如图 5－4 所示。

图 5－4　微灌工程

5. 改进地面灌水技术

我国从 20 世纪 70 年代开始，在田间开展平整土地，大畦改小畦，推行短沟灌和细流沟灌，节水效果十分显著。20 世纪 80 年代以来，在陕西宝鸡峡灌区和冯家山水库灌区，群众开发了一种节水型地面灌水方法——长畦分段灌溉法，这种方法具有明显的节水节能、灌水效率高、灌水质量好等优点。但还存在下列问题尚待进一步研究：①间歇灌、长畦分段灌、膜上（下）灌水技术的节水机理及水在土壤中的分布规律；②各种改进地面灌水技术的适用条件，由于各种节水地面灌水技术的节水效果受土壤质地影响较大，土质不同，节水效果亦不同，因此，很有必要研究不同土壤对选择地面灌水技术类型的影响；③改进地面灌灌水质量评估体系和方法的研究；④灌水均匀度对作物产量的影响；⑤各种改进地面灌水技术要素之间的优化组合研究；⑥研究新型的节水型地面灌水技术；⑦间歇灌在我国刚刚起步，急需开发适合我国国情的灌水设备和系统设计技术。

6. 综合农业节水技术

农业措施和工程措施相结合，发挥综合优势，达到节水、高产、高效的目的。节水农业技术研究在提高节水工程技术水平的同时，也将很大的注意力放在综合农业节水技术的研究上。根据不同节水农业区的自然、经济特点，采取合理施肥、蓄水保墒的耕作技术、地膜和秸秆覆盖保墒、化学制剂、合理调整作物的种植结构，选用耐旱作物及节水品种，以充分利用灌溉水、自然降水和地下水，提高水的利用效率，达到节水、高产、优质和低耗的目的。

但是，由于农、水专业各自的局限性，以及各专业多侧重于本专业的技术研究，在农、水两方面的适用技术如何紧密地相互配合，形成有机的统一体，使水的利用率和利用效益都能充分发挥方面研究得还不深入、系统，远远满足不了节水农业发展的需要，如各种节水灌溉技术条件下的水肥运移、吸收、转化利用规律；耕作保墒、覆盖保墒技术如何与节水灌溉技术的配水相结合；各种单项农业节水技术如何在不同的作物上及不同的节水灌溉技术条件下综合应用等问题都需要进行深入、系统的研究，才能保证综合节水农业技术的持续发展。

7. 雨水汇集利用技术

雨水利用是一项古老且具有巨大潜力、亟待完善的技术。随着干旱加剧，水资源短缺，人们已高度重视雨水这一可再生资源的开发及高效利用，特别是在干旱半干旱地区更加突出。我国对雨水汇集利用的研究源远流长，目前除利用庭院集水供人畜饮水和抗旱保苗外，许多地区采用的沟道筑坝建库、修建池塘、水窖（图 5－5）等措施，在雨水的实际应用方面起到了一定作用。

8. 节水灌溉管理技术

主要包括节水高效灌溉制度和灌区灌溉管理技术。目前节水高效灌溉制度已从传统的丰产灌溉向限额灌溉发展，研究不同作物关键需水阶段，寻求不同水文年型主要作物的基本灌溉模式，运用边际产量和生产弹性指标的概念，研究主要作物的灌溉定额与边际产量的关系，提出了作物的经济灌溉定额，即用尽可能少的水的投入，取得尽可能多的农作物产出的灌溉模式。它是遵循作物生长发育需水机制进行的适时灌溉，又是把各种水的损失降低到最小限度的适量灌溉，包含着节水与高产的双重含义。在灌区灌溉管理技术方面，已初步将最优化技术和微机手段应用于制定灌水方案和配水方案。如根据作物阶段耗水

图 5-5　水窖工程

变化和作物生长期降雨预报，测算田间土壤水分消耗动态和预报灌水时间。在干旱缺水条件下，运用等边际产量原理和方法，得出水在不同作物之间的合理分配量，再用线性规划法求出不同灌溉制度下灌溉面积的最优化组合。

第二节　水肥一体自动化技术研究

一、水肥一体自动化

水肥一体化是集节水灌溉和高效施肥于一体的现代农业管理技术。水肥一体自动化可以在漫灌、沟灌、畦灌、喷灌和微灌中应用，具有良好的节水、节肥、省工和增收作用，可实现农业节水和农民增收，同时减少肥料用量，保护生态环境。水肥一体自动化技术具备以下优点：

（1）用水效率高。水肥一体自动化从水源引水开始，灌溉水就进入一个全程封闭的输水系统，经多级管道传输，将水送到作物根系附近，灌水时地面不出现径流，同时，通过控制灌水量，土壤水深层渗漏很少，减少了无效的田间水量损失，用水效率高，从而节省灌水量。

(2) 肥料利用率高。水肥一体自动化技术将水肥被直接输送到作物根系最发达、集中的区域，保证了养分被根系快速吸收，减少了施肥量，节省肥料，同时使得肥料利用率大大提高。

(3) 节省用工。水肥一体自动化技术可实现水肥同步管理，大大节省了劳动力。

(4) 减轻病害。大棚内作物很多病害是土传病害，随流水传播，采用滴灌等水肥一体自动化技术可以直接有效地控制土传病害的发生。

(5) 冬季使用滴灌能控制浇水量，降低湿度，提高地温。传统沟灌会造成土壤板结、通透性差，作物根系处于缺氧状态，造成沤根现象，而使用滴灌则避免了因浇水过大而引起的作物沤根、黄叶等问题。

(6) 增加产量，改善品质，提高经济效益。水肥一体自动化的工程投资约为1000元/亩，可以使用5年左右，每年节省的肥料和农药至少为700元，增产幅度可达30%以上。

(7) 减少环境污染。大量施肥不但作物不能吸收利用，造成肥料的极大浪费，同时还会导致环境污染。水肥一体自动化技术通过控制肥料用量及灌溉深度，避免化肥淋至深层土壤从而造成土壤和地下水污染。

大棚水肥一体化种植如图5-6所示。

图5-6　大棚水肥一体化种植

水肥一体自动化还存在以下缺点：

(1) 设备产品精确度低、配套性差，从而致使产品性能不十分稳定。

(2) 缺乏配套的水溶肥。我国液体肥料的研究和开发还处于初步发展阶段，液体在国内的应用份额也比较小，大量元素水溶肥仍以固态为主。

(3) 由于农业的比较效益低，农民收入水平不高，实施水肥一体自动化技术的施肥设备一次性投入较高，如果没有政府在政策和资金上给予扶持难以得到快速推广。

(4) 认识不到位，人们只顾追求眼前利益和短期效益，水资源严重短缺对生态环境、国民经济和社会发展造成的影响还远未引起社会各界的足够重视。

二、主要种植物的高效节水灌溉应用

(1) 马铃薯。熟称土豆，属茄科茄属一年生草本植物，其块茎可供食用，是重要的粮食、蔬菜兼用作物。传统的马铃薯“大水大肥”栽培习惯主要想通过大量的灌溉和施肥，已达到高产的目的，结果导致灌溉设施便利的区域易出现过量灌溉，无灌溉条件的区域则灌溉不足；施肥则主要集中在生长前期，肥料施用量大、追肥次数多，而封行后则不追肥。因此传统的马铃薯施肥常存在以下问题：过量灌溉时易引起马铃薯烂根、薯块腐烂；灌溉不足时可能使植株生长、薯块膨大受到影响；施肥并非按照马铃薯的营养规律进行，前期大量施肥，马铃薯吸收不完全，肥料流失严重；马铃薯需肥高峰期却恰值封行无法追肥。

采用水肥一体自动化技术对马铃薯进行施肥，可有效地减少以上问题。与常规灌溉（淋灌）相比，水肥一体自动化技术可节水 47.2%，并能提高马铃薯产量 2.2%～4.4%，增加收入 4071.32～9923.4 元/hm^2，增幅 10.9%～26.5%；实行水肥一体自动化技术栽培的马铃薯，肥料用量比常规施肥水平减少 40%～60%为宜。

(2) 茶叶。茶树生长周期长，生长过程中对水肥的需求量大，不同生长期对于水肥条件的需求量也不同，因而茶园水肥条件对于茶叶品质的影响较大。贵州全省大部分茶叶生产区降雨量充沛，但高温和季节性干旱经常发生，自然生态条件较差，外加茶园大多分布于高山丘陵地区，土壤保水保肥性差，灌溉施肥过程中极易造成水土流失，因而，茶叶生产过程中采用水肥一体自动化节水灌溉技术，根据茶树生长的季节性，按茶树需要肥料的规律和地力水平、目

标产量来确定总的施肥量、氮磷钾、基肥和追肥比例、施肥时期、肥料品种等，不同生长时期，结合养分的吸收规律进行分配，提高了茶叶的品质和产量，减少了肥料投入，省工、省力、增收，减少了肥料的大量流失、水体富营养化以及农业面源污染、农田环境污染，改善了农产品质量，提高了农产品竞争力，对于发展无公害、绿色和可持续农业，以及茶叶生产区生态平衡都有很好的现实意义。

（3）火龙果。火龙果属耐旱植物，一般土壤相对含水量达到60%～80%就能够正常生长，但是耐涝性比较差（因此是不能用小管出流等浇灌方式），如果是根部长时间积水，就会造成烂根而导致增产或死亡，用滴灌管浇水时要掌握“不干不浇，浇则浇透”的原则。浇灌式施肥，即用文丘里施肥与滴灌管灌水结合。近年来跟着滴灌技巧的逐步推广，该法也慢慢应用。浇灌式施肥不管是与喷灌方法还是滴灌方法相结合，都因为供肥及时，肥分布均匀，既不断伤根系，又保护耕作层泥土布局，节省劳力，肥料利用率高。可提高产量及品质，降低成本，提高经济效益。

（4）葡萄。葡萄的水肥一体自动化技术在发达国家应用比较普通。葡萄最适合采用滴灌施肥系统。在葡萄的水肥一体自动化中，一般须亩施有机肥3000～5000kg，是常规施肥用量的40%～50%。选择水溶性复合肥，前期为高氮、中磷、低钾，中后期则为中氮、低磷、高钾。近些年来，为防止杂草生长，实现春季保温，并降低夏季果园的湿度，葡萄膜下滴灌技术也在大力推广。当土壤为中壤土，通常一行葡萄铺设一条毛管；当土壤为沙壤土，葡萄的根系稀少时，可采用一行铺设两条毛管的方式。土壤质地、作物种类及种植间距是决定滴头类型、滴头间距和滴头流量的主要因素。一般沙土要求滴头间距小，土壤和黏土滴头间距大。沙土的滴头间距可设为30～40cm，滴头流量为2～3L/h，壤土和黏土的滴头间距为0.5～0.7m，流量为1～2L/h。滴灌时间一般持续3～4h。

（5）番茄。番茄是喜温性蔬菜，在正常条件下，同化作用最适温度为20～25℃，根系生长最适土温为20～22℃。番茄喜水，一般以土壤湿度60%～80%、空气湿度45%～50%为宜。对土壤条件要求不太严苛，在土层深厚、排水良好、富含有机质的肥沃壤土生长良好。番茄浇水，浇定植水后3～5天再浇一次缓苗水，一直到第一穗果坐住如蛋黄大小时再浇一次。结果前期叶面

蒸腾量小，果树也少，通风量也小，一般每 7～10 天浇一次小水。以后随着植株的生长发育，坐果量增多，通风量加大，蒸腾量增大，应缩短浇水间隔天数和增加浇水量，保持土壤见干见湿，一般每 5～7 天浇一次水，采收期应保持土壤湿润，以提高单果重。滴灌可以改变局部小气候，能满足番茄对于土壤的要求，非常适合番茄灌溉。番茄水肥一体自动化技术能提高肥料利用率，省工、省肥。番茄在生长过程中，每个阶段的需水量不同，每次灌溉要注意番茄的需水量然后进行灌溉：番茄生长初期需水较少，保持土壤湿润；结果直径为 1cm 左右时开始浇水，促进果实生长；盛果期要常浇水，保持土壤湿润；番茄后期生长灌溉要根据季节天气情况而定。

水肥一体自动化工程如图 5-7 所示。

图 5-7　水肥一体自动化工程

第三节　高效节水灌溉技术推广方式研究

根据 2016—2019 年贵州省水利科学研究院开展科技厅课题“贵州山地现代高效节水灌溉技术集成服务企业行动计划”，解决灌溉系统与作物需水规律

结合的问题、作物旱情判断与决策问题、灌溉控制系统的稳定性问题，进行科研院所与企业深度合作推进科研、设计、施工一体自动化的探讨。

贵州现代高效节水灌溉技术集成服务企业行动计划技术路线图如图5-8所示。

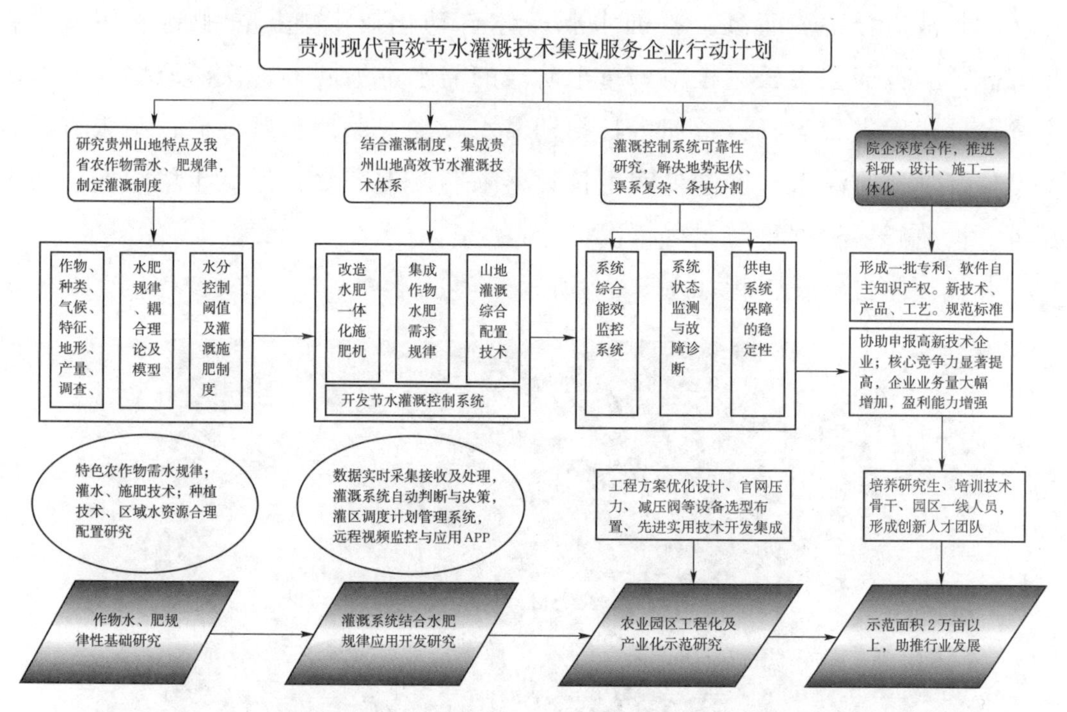

图5-8　贵州现代高效节水灌溉技术集成服务企业行动计划技术路线图

研究成果为基于主要作物灌溉制度，改造或试制水肥一体自动化施肥机，并开发灌溉控制系统，集成贵州山地高效节水灌溉技术体系；系统结合太阳能供电与渠道流量自动供电，通过监测、传输、诊断、决策及水肥管理，实现按照作物类型及生育期水肥需求的智能灌溉和精细化管理。系统基于互联网，集农情信息采集、传输、视频监测、泵站高位水池自适应控制、水资源优化调度、智能灌溉控制、水肥一体自动化为一体的水利信息化综合管理平台，项目前期成果已在我省首批思南、紫云、息烽山区现代水利试点区工程建设中得到了应用推广。服务企业的理念如下：

（1）项目营销以企业为主，科研院所配合的形式进行。全程以市场化运作，通过申请新产品鉴定，注册产品商标，建立目标客户群；做好产品出货检验，保证产品质量；制作产品宣传介绍彩页。同时，项目实施效益主要集中体现在加强园区用水保障、提高综合管理能力和产品提质增效等方面，以此为切

入点，与园区建立良好的合作关系，通过用户的主动推介，实现良好的市场营销态势。

(2) 营销理念结合贵州山地突出生态、气候、资源优势，突出节水、节肥、节工和供水保证率等效益方面；同时，延伸至服务园区产品原生态、绿色、健康、营养保健等理念。

(3) 从农业、水利行业入手，通过与高效农业示范园区管理委员会、园区龙头企业、园区种植大户、农业合作协会、水务局等各类经营管理主体建立长期良好的合作关系，以高效节水灌溉系统为抓手，加强园区水保障和综合管理能力的提升；通过参加或举办全省现场观摩会、学术交流会、培训技术骨干和园区人员加强宣传与促销活动；也可以邀请目标人群通过项目示范点参观、垂钓、采摘、农旅等活动，提高项目的知名度和影响力。

智能灌溉控制系统图如图 5-9 所示。

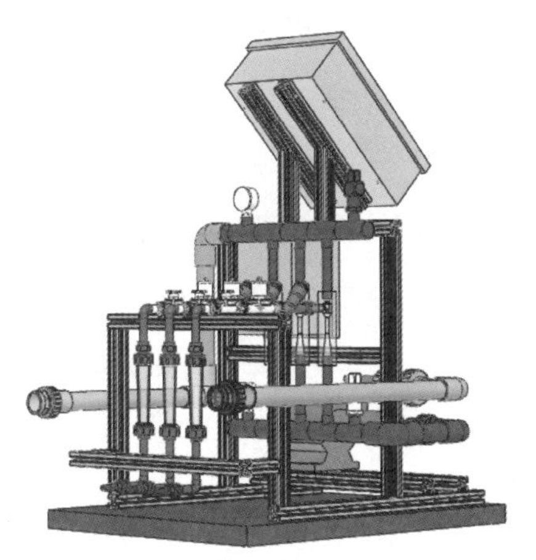

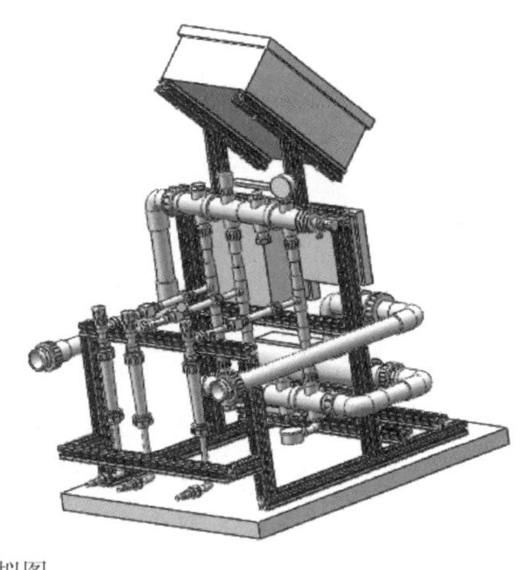

(a) 虚拟图

(b) 实物图

图 5-9　智能灌溉控制系统图

第四节　高效节水灌溉水价改革问题研究

一、水价改革意义

农业水价改革是利用经济手段促进用水户节约用水，增加水管理单位的经济收入，提高灌区的维修、养护、运转与更新改造灌溉工程的能力。《水利工程供水价格管理办法》（简称《水价办法》）明确指出："农业用水是指由水利工程直接供应的粮食作物、经济作物用水和水产养殖用水""农业用水价按补偿供水成本、费用的原则核定，不计利润和税金"。这说明《水价办法》一方面将水利工程供水价格纳入商品价格范畴进行管理，通过价格杠杆作用提高水资源的利用效率；另一方面，考虑到目前我国的农业仍是弱质产业，为促使农业增产、农民增收与农村经济的稳定与发展，明确规定在核定农业水成本时不计利润和税收，切实减轻农民负担。这是农业用水价格改革的方向与基本原则。

农业水价改革的目的是逐步实现农业成本水价，如何依据《水价办法》进行农业灌溉用水价格的改革，开展"贵州省农业水价综合改革"的调查研究，寻求农民减负增收与水管理单位良性循环（运行）、节约灌溉用水的相互关系，找出影响、制约"三者"的主要因素，制定相应措施与对策，促进农业水价改革，逐步落实农业成本水价，提高灌溉水的有效利用，推进水资源的可持续发展，是建设节水型社会的重要组成部分，是时代发展的需要，是全面推进建设小康社会的现实选择和必由之路。

二、存在的问题

（1）农业灌溉水费收入与供水成本差异过大。水利工程的水价核定水平过低，从典型调查的平均情况看，农业用水测算水价为 0.107 元/m^3 左右，核定水价为 0.039 元/m^3 左右，核定水价占测算水价的 36%，而水费的征收率不到 20%。实际上，水管单位的供水成本仅收回 8%。收入与成本的差异使得水利工程管理单位亏损严重，供水工程维修困难，工程老化失修严重，效益低下。

（2）农业水费征收难度较大。在取消农业税、加强支农力度、增加各类补贴等强农惠农政策背景下，农业水费计收难度日益加大：①工程配套不齐全，很多灌区特别是末级渠系的计量设施完全没有，水费不能按量收缴，只能采取按亩均摊的办法征收，不能体现“谁受益、谁负担”的原则；②有些灌区有效灌溉面积逐年萎缩，难以核定，近年由于产业结构调整、末级渠系淤塞等问题导致有效灌溉面积逐年减少，及时核定面积困难；③农民认识上有误区，农民群众的水商品意识淡薄，没有把灌溉用水与种子、化肥、农药作为农业生产资料同等对待，对用水收费不理解、有疑虑，不愿意交水费，而现行的水价政策，水费宣传不到位，农民理解上出现偏差，水费征收遭遇尴尬。

（3）渠道淤塞，水毁严重，加重了农民水费负担。我省很多灌区的渠道均兴建于20世纪60—70年代。由于建渠时间长，初建标准太低、后期维修养护投入不足、工程设施老化、建筑物不配套且损毁严重，渠道跑、冒、滴、漏现象十分严重，灌溉水利用系数偏低，2013年全省灌溉水利用系数为0.44，即在贵州农田灌溉过程中，有56%的水资源是被浪费的。渠系建筑物中，分水闸极少，且分水口基本没有闸控制，农户用水时，上游筑堤拦水，下游扒口放水，经常发生用水矛盾。渠系大多无量水设施，用水时凭经验按过水深度和时间估算用水量，实际到村、到田间的水量约为放水量的35%～40%，有的甚至更低，由此造成农民实际水费负担加重。

（4）农民用水水费承受能力较低，水费收取困难。当前农业发展还相对落后，农民收入增长缓慢，农民承受能力也相对较低。2013年贵州农村居民人均纯收入5434元，城镇居民人均纯收入为20667元，农村居民仅为城镇居民人均可支配收入的26.3%，农民对包括灌溉水费在内的农业生产成本的承受能力还比较弱。农业水费在农民的生产投入和收益中还占有较高的比例，与农民的经济承受能力还不相适应，一些农民不愿意交水费，造成水费收取困难。

（5）农业供水工程公益性成本得不到政府财政有效补偿。农业供水工程特别是农业灌溉工程承担着广大农村地区极其重要的抗旱减灾、防洪保安、灌溉排涝、保护生态等公益性任务，但相关费用长期得不到公共财政的应有补偿，客观上加剧了灌区管理单位经营困难的矛盾。

三、建议措施

1. 明晰农业初始水权

(1) 确定用水总量，实行用水封顶。要根据本区域用水总量控制指标、农业生产发展实际需求和节水技术应用等情况，在留足生态用水、不超采地下水和适当预留未来发展用水的前提下，科学核定本区域的农业用水总量。也就是要按照指导思想明确的“供给与需求统筹考虑”，立足当前、着眼长远，做好水资源供需平衡分析，从紧控制用水总量，作为农业用水的上限。

(2) 在确定用水控制总量的前提下，要做好两个方面的分解：一方面要把用水总量控制指标分解落实到区域可供的地表水、地下水等水源上；另一方面要逐级分配到县、乡、村或用水合作组织，有条件的地区分配到户。在此基础上，明确用水户对于分配到的水量的使用权利和义务，包括丰水年、枯水年等不同来水情况下如何用水等，即明晰农业初始水权（图5-10）。

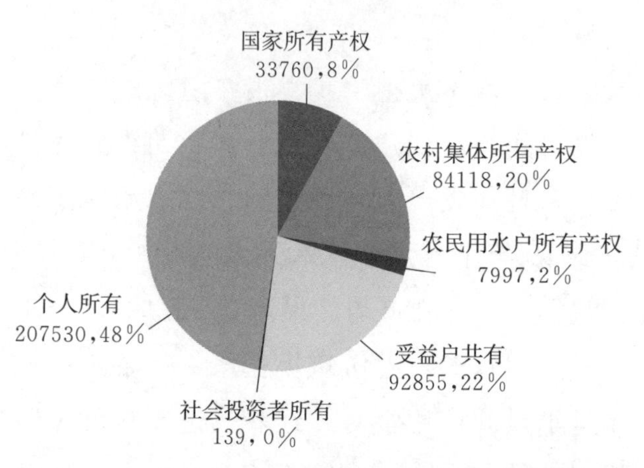

图5-10　贵州小型农田水利工程产权情况示意图

2. 完善农业供水水价格形成机制

水费是农民用水自治和农田水利工程正常运行的主要经济来源和重要保障，没有水费的保障，建好的工程将因为缺乏运行维护经费而再次陷入困境，农民用水者协会也会因为缺乏工作经费而难以运行，农民节约用水的观念将难以确立，水资源紧缺和用水浪费现象将难以消除。因此，应进一步深化农业供水水价的改革，加快水价调整步伐，建立灵活多样的农业供水水价的调整机制，按供水成本制订农业供水水价。要在体制改革和工程改造完成的基础上，分析农民经济承受能力，按照兼顾节约用水和降低农民水费支出的原则，建立并逐步实行国有水利工程水价加末级渠系水价的终端水价制度，推行计量收费，整顿末级渠系水价秩序，减少农民用水成本。同时根据实际情况建立农业用水总量控制和定额管理制度，实行以供定需、定额灌溉，推动农村水权制度建设，逐

步形成节约转让、超用加价的经济激励机制（图 5－11）。

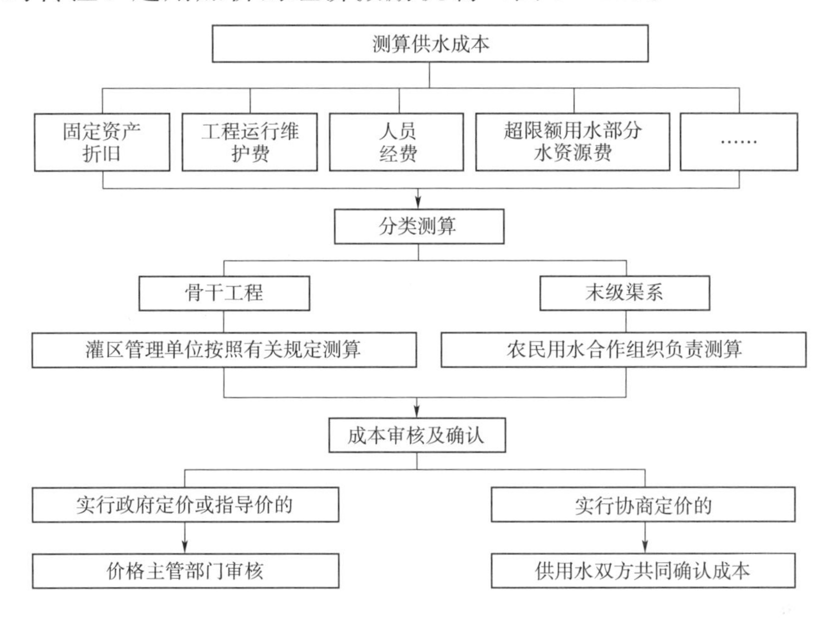

图 5－11　水价形成机制示意图

3. 加快末级渠系及计量设施配套建设

结合大中型灌区续建配套和节水改造、小型农田水利等基础设施建设，推进末级渠系与骨干工程同步配套建设，有效解决因末级渠系不配套引起的农田灌溉“最后一公里”等问题。进一步完善供水计量设施，渠灌区国有水利工程单位与用水合作组织之间必须设置用水计量点，有条件的地区可计量到田头、核算到户；探索对末级渠系和供水计量设施建设采取“民办公助”“先建后补”的奖励机制，提高农民参与建设和管理的积极性（图 5－12）。

图 5－12　末级渠系计量设施

4. 强化农民用水合作组织规范化建设

近几年，贵州农民用水者协会发展很快，但很多协会不能规范运作或运作困难。下一步重点应是扶持农民用水者协会的正常运转，指导其进一步规范管理，形成造血功能，逐步探索将工程建设交由农民用水者协会组织承担，推进农民用水自治，实行农民协商管水、用水。要指导加强农民用水者协会的能力建设，全面提高协会工程运行维护、用水管理、水费计收等有关用水事务的综合管理能力，明晰权利和义务，把农民用水者协会真正培育成末级渠系的产权主体、改造主体和管理运营主体。

5. 与小型农田水利工程管理体制改革同步推进

当前，农村生产方式正在发生重大变革，土地流转趋势化、劳动人员老弱化、农业服务专业化等对农田水利的组织形式提出新的要求。为适应这种发展趋势，必须加快推进小型农田水利工程产权制度改革、水利基层服务体系建设等。这些改革措施相互关联，需要统筹考虑、协调推进。农业水价综合改革可以作为农田水利改革的“综合载体”，将小型水利工程管理体制改革、基层水利服务体系建设、农业水权制度改革等在同一平台上推进，以创新农田水利工程体制机制，适应农村生产方式的变革，促进现代农业的发展。

6. 探索农业用水精准补贴机制和节水奖励机制

由于精准补贴机制是一项创新性工作，没有现成的经验，可以结合实际积极探索。总的出发点是创新体制机制，注重用经济的手段促进农业节水。提高农业水价的同时要立足农业的基础产业地位，充分考虑农民的承受能力，重点对节约用水的种粮农民用水合作组织、新型农业经营主体、用水户进行补助，激励农民节水，鼓励农民种粮，促进粮食增产、农民增收。通过建立这种激励机制，充分调动地方各级政府、农民用水改革的积极性。建立节水奖励基金是激励用水户节水的重要举措，也是精准补贴机制的重要资金来源。重点在梳理现有资金渠道的基础上，明确了可纳入基金的资金来源。节水奖励基金重点对采取节水措施、调整生产模式、促进农业节水的农民用水合作组织或用水户给予奖补。

7. 加强宣传交流

各地区要认真做好农业水价综合改革宣传工作，注重运用通俗易懂的语言和农民群众易于接受的方式，深入农村开展宣传活动，广泛宣传改革的意义，

提高用水户有偿用水、节约用水的自觉性，对水价调整等事项，要与用水户提前面对面沟通，做细、做实宣传解释工作，为各方面了解、支持改革营造良好氛围。加强沟通交流，分享改革经验，相互启发，相互促进，更好地实行本地区的农业水价综合改革工作。

第五节　高效节水灌溉服务和管理体制问题研究

农业高效节灌技术长效利用模式是指在水管部门等相关单位的推动下，以农民灌溉合作社、农业节水服务公司或农民用水者协会等社会组织为实施主体，以农田节灌技术的故障排查、运行管护、故障维修、灌溉施肥等为工作内容，以“由小规模条田建制式到中规模村级建制式再到大规模乡镇建制式”集中连片、整建制扩散为推进方式，以教学、科研和推广三位一体为推进体制，将节水灌溉技术的运行管护委托给多元化融合型的新型农业经营主体，通过合同契约的形式，政府与实施主体、实施主体与农户之间形成了一种监管与被监管、服务与被服务的关系，旨在恢复使用已建成的、闲置的和有效使用新建成的农业节灌系统，从而提高全灌区农业节灌技术的稳定运行率和产出效益，降低农业生产经营成本，形成规模收益，最终实现农业高效节灌技术的长效利用，推进农业的现代化进程。

政府服务供给体系的一种创新模式就是政府向民间组织购买服务，这种形式已得到普遍认同和应用，并呈现了许多典型范例。我国政府向社会力量购买公共服务还处在研究和初步探索阶段。直到 2013 年，中央正式发布了《国务院办公厅关于政府向社会力量购买服务的指导意见》（国办发〔2013〕96 号）（以下简称《指导意见》），以《指导意见》为政策指南，探究构建政府向社会力量（涉农企业、民间组织）购买农业高效节水灌溉技术运行管理公共服务（以下简称“政府购买农业节水技术服务”）的机制，深入细致地探讨如何规范有序推行政府向社会力量购买农业节水技术服务模式，为政府购买农业节水技术服务管理工作提供政策参考依据。

农业节水灌溉技术长效利用模式的推行必须以“模式可操作、资金由保障、机构有落实和农户可接受”为基本前提。因此，需要建立保障体系使得农业节灌系统长效利用模式得以顺利实施。

（1）政策制度保障。政策制度是社会组织等实施主体推行农业节灌技术长效利用模式的政策依据，有效地规范和约束他们的行为，可以调动农业节水公司、农民灌溉合作社和农民用水者协会等新型经营主体的积极性，也可以在资源配置、结构调整和协调利用方面发挥导向作用，保证农业节水灌溉技术运行管理模式顺利实施。

（2）投入资金保障。农业节水灌溉技术长效利用面临的一个最严峻的问题就是如何保障充足的经费来源。建立健全、稳定的资金保障制度，是保证农业节水灌溉技术长效利用的基本前提。

（3）组织机构保障。农业节水灌溉技术长效利用模式的推行必须要依靠有效的、适宜的组织机构实施，这是保障农业节水灌溉技术长效利用模式推行工作顺利开展的重要部分。

第六节　高效节水灌溉发展潜力及方向问题研究

1. 产业支撑

（1）高效节水灌溉发展全面提速。通过小型农田水利、中型灌区、山区现代水利、农业水价综合改革和其他部门支农涉水项目资金开展高效节水灌溉建设，推动种植结构调整和农业产业化发展，促进土地流转、农业增效。2016年完成新增高效节水灌溉面积13.45万亩，2017年完成15.55万亩，分别占国家五部委下达任务的112%和111%。全省高效节水灌溉面积达到218万亩，占有效灌溉面积的10%以上。

（2）山区现代水利试点引领。2014年以来在26个县开展山区现代水利试点建设，省级补助资金3.9亿元，吸引企业投入和融资等各类资金1.1亿元。通过试点建设，探索建立建、管、养、用一体和先建机制、后建工程的水利建设模式。

2. 技术方向

发展高效节水技术应因地制宜，要根据地形条件和水资源条件合理地选择节水灌溉技术模式。

（1）喷灌系统规划应遵循的原则。注意节省能源，在有自然水头可利用的地方尽量发展自压或部分自压喷灌；注意经济效益，在保证喷洒质量、运行安

全可靠和管理方便的前提下，尽量降低投资和运行费用；尽可能考虑喷灌设备的综合利用，使其发挥更大的效益。

（2）滴灌系统规划布置是指对首部枢纽和各级管道的走向、位置和连接关系进行确定的设计过程。主要是田间管网毛管、支管、输配水管网各级干管和首部枢纽的规划布置。系统布置是滴灌工程规划布置的核心，对造价的影响很大。一个合理的系统布置可大大节省工程投资并方便运行管理。影响滴灌系统规划布置的主要因素是水源位置和地形地貌条件，也与滴灌设备、作物种类和栽培模式、农作物田间管理等因素有关。

3. 水价改革方向

紧紧抓住加快农田水利建设的有利时机，按照“有利于节约用水、有利于降低农民水费支出、有利于保障工程良性运行、有利于水利工程体制机制创新”的要求，以完好的农业灌溉工程体系为基础，以完善的供水管理体制机制为支撑，以合理的水价制度为核心，以健全的财政补助机制为保障，加快推进农业水价综合改革，构建农田水利灌排工程长效运行机制。

第六章　高效节水灌溉项目效益评价研究

第一节　评价指标体系构建方法

一、评价指标选取原则

对某一事物进行综合评价，建立指标体系是评价工作的基础。指标的选择是否科学合理，对分析对象常有举足轻重的作用。并且指标选取太多，可能会有重复性，指标之间造成干扰；指标选取太少，可能会缺乏足够的代表性，引发评价结果的片面性。因此，指标体系的构建应遵循科学、实用、简明的原则，具体体现在以下的原则中：

（1）科学性与可行性。评价指标应立足于现有的基础和条件，兼顾区域发展和差异，既要符合客观实际水平，有稳定的数据来源，又要易于操作，便于推测。评价指标含义要明确，数据要规范，口径要一致，资料收集要简便易行。

（2）系统性与层次性。评价指标要能全面体现评价对象的系统结构和层次结构，要形成目标明确、层次分明、相互衔接的有机整体，又要从不同方面反映问题，做到系统性与层次性相结合。

（3）代表性与差异性。指标应具有代表性，能很好地反映研究对象某方面的特性。指标间也应具有明显的差异性，也就是具有可比性。评价指标和评价标准的制定要客观实际，便于比较。

（4）动态性与静态性。动态性体现研究对象的历史、动态发展过程，静态性体现研究对象的某一时间现状评价。评价指标既要能够反映现实，又要能够反映其发展历程。

（5）定性与定量结合性。项目效益由多重因素组成，这些因素有的能定量

化，有的能定性化。因此，指标体系应尽量选择可量化的指标，难以量化的重要指标必须采用定性描述指标。

二、指标体系构建方法

（一）评价指标的选取

项目效益评价指标在遵循选取原则的基础上，采用筛选主要评价指标的方法，合理确定评价指标集。

1. 专家调研法

是一种向专家发函、征求意见的调研方法。评价者可根据评价目标及评价对象的特征，在所设计的调查表中列出一系列的评价指标，分别咨询专家对所设计的评价指标的意见，然后进行统计处理，并反馈咨询结果，经几轮咨询后，如果专家意见趋于集中，则由最后一次咨询确定出具体的评价指标体系。

2. 最小均方差法

对于 n 个取定的被评价对象（系统）s_1，s_1，…，s_n，每个被评价对象都可用 m 个指标的观测值 x_{ij}（$i=1, 2, \cdots, n$；$j=1, 2, \cdots, m$）来表示。容易看出，如果 n 个被评价对象关于某项评价指标的取值都差不多，那么尽管这个评价指标是非常重要的，但对于这 n 个被评价对象的评价结果来说，它并不起什么作用。因此，为了减少计算量，就可以删除掉这个评价指标。所以，可以建立最小均方差的筛选原则如下：

$$S_j = \left[\frac{1}{n}\sum_{i=1}^{n}(x_{ij} - \bar{x}_j)^2\right]^{\frac{1}{2}}, j=1,2,\cdots,m \tag{6-1}$$

其中
$$\bar{x}_j = \frac{1}{n}\sum_{i=1}^{n}x_{ij}, j=1,2,\cdots,m$$

式中 S_j——评价指标 x_j 的按 n 个被评价对象取值构成的样本均方差；

$\bar{x}_j$——评价指标 x_j 的按 n 个被评价对象取值构成的样本均值。

若存在 $k_0(1\leqslant k_0\leqslant m)$，使得

$$s_{k_0} = \min_{1\leqslant j\leqslant m}\{s_j\}, 且\ s_{k_0} \approx 0 \tag{6-2}$$

则可删掉与 s_{k_0} 相应的评价指标 x_{k_0}。

3. 极小极大离差法

先求出各评价指标 x_j 的最大离差 r_j，即

$$r_j = \max_{1\leqslant j,k\leqslant n} \{ |x_{ij} - x_{kj}| \} \tag{6-3}$$

再求出 r_i 的最小值，即令

$$r_0 = \min_{1\leqslant j\leqslant m} \{r_j\} \tag{6-4}$$

当 r_0 接近于零时，则可删掉与 r_0 相应的评价指标。

（二）指标数据处理

1. 定量数据的无量纲化

一般来说，指标 $a_{ij}(i = 1,2,\cdots,m;j = 1,2,\cdots,n)$ 之间由于各自量纲及量级（即指标的数量级）的不同而存在着不可公度性，这样难以对指标直接进行比较；为了尽可能地反映实际情况，排除由于各项指标的量纲不同以及其数量级间的悬殊差别所带来的影响，避免出现荒谬的现象，需要对指标进行无量纲化处理。指标的无量纲化，也称作指标的标准化、规范化，是通过数学变换来消除原始指标量纲影响的方法。

（1）标准化处理法。

$$x_{ij}^* = \frac{x_{ij} - \bar{x}_j}{s_j} \tag{6-5}$$

式中　$\bar{x}_j$，$s_j(j = 1,2,\cdots,m)$——第 j 项指标观测值的（样本）平均值和（样本）均方差；

x_{ij}^*——标准观测值。

（2）极值处理法。

$$x_{ij}^* = \frac{x_{ij} - m_j}{M_j - m_j} \tag{6-6}$$

其中，$$M_j = \max\{x_{ij}\}, m_j = \min\{x_{ij}\}$$

对于指标 x_j 为极小型的情况，式（6-6）变为

$$x_{ij}^* = \frac{M_j - x_{ij}}{M_j - m_j} \tag{6-7}$$

（3）功效系数法。

$$x_{ij}^* = c + \frac{x_{ij}}{\sqrt{\sum_{i=1}^{n} x_{ij}^2}} \tag{6-8}$$

$$x_{ij}^{*} = c + \frac{x_{ij} - m_j'}{M_j' - m_j'} d \tag{6-9}$$

式中 M_j'，m_j'——指标的满意值和不容许值；

c, d——已知正常数，c 的作用是对变换后的值进行“平移”，d 的作用是对变换后的值进行“放大（或缩小）”。

根据实际应用效果，研究人员对 c、d 的取值通常为 $c=60$、$d=40$，则式（6－9）为

$$x_{ij}^{*} = 60 + \frac{x_{ij} - m_j'}{M_j' - m_j'} \times 40 \text{，} x_{ij}^{*} \in [60,100] \tag{6-10}$$

2. 定性指标的定量化

采用汪培庄教授提出的集值统计法，使定性指标定量化。集值统计是在概率统计中，将每次试验所得到的相空间中一个确定的点放宽，每次试验所得到的是相空间的一个子集，这一试验就是集值统计。

假设对于一个评估项目有 m 个评价指标，有 n 个专家参与项目评分，若第 i 位专家 s_i 对第 j 项指标 u_j 的评估区间为 $[A_{ji}', A_{ji}''] \subseteq [0,1]$，则对指标 u_j，就可以得到 n 个评估区间，即

$$\{[A_{j1}', A_{j1}''], [A_{j2}', A_{j2}''], \cdots, [A_{jn}', A_{jn}'']\}, j = 1,2,\cdots,m \tag{6-11}$$

此 n 个专家对指标 u_j 的评估是一个位于区间 $[A_j^{\min}, A_j^{\max}]$ 上的随机分布。

其中，

$$A_j^{\min} = \min_{i=1}^{n}(A_{ji}')$$

$$A_j^{\min} = \max_{i=1}^{n}(A_{ji}'')$$

区间上任意一点的模糊覆盖率为

$$\bar{X}(u_j) = \frac{1}{n}\sum_{i=1}^{n} x_{[A_{ji}', A_{ji}'']}(u_j) \tag{6-12}$$

其中，

$$x_{[A_{ji}', A_{ji}'']} u_j = \begin{cases} 1, u_{ji}' \leqslant u_j \leqslant u_{ji}'' \\ 0, \text{其他} \end{cases}$$

式中 $\bar{X}(u_j)$——样本露影函数。

根据式（6－12）可得到指标 u_j 的评估值为

$$\overline{u_j} = \frac{\int_{A_j^{\min}}^{A_j^{\max}} u_j \bar{X}(u_j) \mathrm{d}u_j}{\int_{A_j^{\min}}^{A_j^{\max}} \bar{X}(u_j) \mathrm{d}u_j} \tag{6-13}$$

可以推导出

$$\left.\begin{aligned}\int_{A_j^{\min}}^{A_j^{\max}}\bar{X}(u_j)\mathrm{d}u_j &= \frac{1}{n}\sum_{i=1}^{n}(A''_{ji}-A'_{ji})\\ \int_{A_j^{\min}}^{A_j^{\max}}u_j\bar{X}(u_j)\mathrm{d}u_j &= \frac{1}{2n}\sum_{i=1}^{n}[(A''_{ji})^2-(A'_{ji})^2]\end{aligned}\right\}\qquad(6-14)$$

由此方法可以类推出对于某个项目的 m 个指标的标度值向量为

$$U_j=\{\overline{u_1},\overline{u_2},\cdots,\overline{u_m}\}\qquad j=1,2,\cdots,m\qquad(6-15)$$

（三）指标权重确定

指标权重的系数确定法分为基于“功能驱动”原理的赋权法、基于“差异驱动”原理的赋权法和综合集成赋权法三大类。主观赋权法包括层次分析法（AHP 法）、G_1-法、G_2-法等，客观赋权法包括均方差法、熵值法、拉开档次法等，综合集成赋权法有“加法”集成法、“乘法”集成法、改进型的“拉开档次”法。

1. AHP 法

AHP 法是美国著名的运筹学家 T. L. Satty 等人在 20 世纪 70 年代提出的一种定性与定量分析相结合的多准则决策方法。该方法的特点是在对复杂决策问题的本质、影响因素以及内在关系等进行深入分析之后，构建一个层次结构模型，然后利用较少的定量信息，把决策的思维过程数学化，从而为求解多目标、多准则或无结构特性的复杂决策问题提供一种简单的决策方法。分析步骤如下：

（1）构造层次分析结构。把复杂的问题分解为元素的各组成部分，把这些元素按属性不同分成若干组，以形成不同层次。同一层次的元素作为准则，对下一层次的某些元素起支配作用，同时它又受上一层次元素的支配。这种从上至下的支配关系形成了一个递阶层次。处于最上面的层次通常只有一个元素，一般是分析问题的预定目标，或理想结果；中间的层次一般是准则、子准则；最低一层包括决策的方案。

（2）构造判断矩阵。在建立递阶层次结构以后，上下层次之间元素的隶属关系就被确定了。假定上一层次的元素 C_k 作为准则，对下一层次的元素 $a_1,a_2,\cdots,a_n$ 相应的权重。使用 1～9 的比例标度（表 6－1）表示针对准则 C_k，两个元素 a_i 和 a_j 的重要度。

表 6-1 判断矩阵标度法

标度值	各标度值对应的重要性含义
1	两个因素 a_i 与 a_j 相比，a_i 和 a_j 具有同等的重要性
3	两个因素 a_i 与 a_j 相比，a_i 比 a_j 较重要
5	两个因素 a_i 与 a_j 相比，a_i 比 a_j 重要
7	两个因素 a_i 与 a_j 相比，a_i 比 a_j 明显重要
9	两个因素 a_i 与 a_j 相比，a_i 比 a_j 极端重要
2、4、6、8	介于相邻奇数判断数之间的折中情况
倒数	a_i 对 a_j 的标度为 x，则 a_j 比 a_i 的标度为 x 的倒数

同一层次中的 $a_1,a_2,\cdots,a_n$ 指标，是专家和分析者根据各指标的性质和相对关系，通过两两比较其相对重要性，得到判断矩阵为

$$\boldsymbol{A}=(a_{ij})_{n\times n}=\begin{pmatrix} a_{11} & a_{12} & \cdots & a_{1j} & \cdots & a_{1n} \\ a_{21} & a_{22} & \cdots & a_{2j} & \cdots & a_{2n} \\ \vdots & \vdots & \vdots & \vdots & \vdots & \vdots \\ a_{i1} & a_{i2} & \cdots & a_{ij} & \cdots & a_{in} \\ \vdots & \vdots & \vdots & \vdots & \vdots & \vdots \\ a_{n1} & a_{n2} & \cdots & a_{nj} & \cdots & a_{nn} \end{pmatrix} \tag{6-16}$$

判断矩阵具有如下性质：

$$\left.\begin{aligned} a_{ij} &> 0 \\ a_{ij} &= \frac{1}{a_{ji}} \\ a_{ii} &= 1 \end{aligned}\right\} \tag{6-17}$$

则称 $\boldsymbol{A}$ 为正的互反矩阵。事实上，对于 n 阶判断矩阵仅需对其上（下）三角元素共 $\frac{n(n-1)}{2}$ 个给出判断。$\boldsymbol{A}$ 的元素不一定具有传递性，即未必成立如下等式：

$$a_{ij}a_{jk}=a_{ik} \tag{6-18}$$

但式（6-19）成立时，则称 $\boldsymbol{A}$ 为一致性矩阵。

（3）层次单排序。这一步要解决在准则 C_k 下，n 个元素 $a_1,a_2,\cdots,a_n$ 排序权重的计算问题，并进行一致性检验。对于 $a_1,a_2,\cdots,a_n$，通过两两比较得到判断矩阵 $\boldsymbol{A}$，解特征根问题，即

$$\boldsymbol{A\omega} = \lambda_{\max}\boldsymbol{\omega} \tag{6-19}$$

所得到的$\boldsymbol{\omega}$经正规化后作为元素$a_1, a_2, \cdots, a_n$在准则C_k下的排序权重，这种方法称排序权向量计算的特征根方法。

（4）层次单排序一致性检验。

1）计算一致性指标 $C.I.$ 。

$$C.I. = \frac{\lambda_{\max} - n}{n-1} \tag{6-20}$$

式中　n——判断矩阵的阶数。

2）平均随机一致性指标 $R.I.$ 。平均随机一致性指标是多次（500次以上）重复进行随机判断矩阵特征值的计算之后取算术平均数得到，见表6-2。

表6-2　　平均随机一致性指标 *R.I.* 值

阶数	1	2	3	4	5	6	7	8	9
R.I. 值	0.00	0.00	0.58	0.90	1.12	1.24	1.32	1.41	1.45

3）计算随机一致性比率。

$$C.R. = \frac{C.I.}{R.I.} \tag{6-21}$$

当 $C.R. < 0.1$ 时，一般认为矩阵满足一致性条件，否则就需调整判断矩阵，使之满足一致性。

（5）层次总排序。依次沿递阶层次结构由上而下逐层计算，即可计算出最低层因素相对于最高层（总目标）的相对重要性或相对优劣的排序值，即层次总排序。

（6）层次总排序一致性检验。当 $C.R. < 0.1$ 时，认为层次总排序结果满足一致性条件，否则需调整判断矩阵。

2. 熵值法

熵值法（entropy method）是一种根据各项指标观测值所提供的信息量的大小来确定指标权数的方法。

（1）计算第j项指标下，第i个被评价对象的特征比重

$$p_{ij} = \frac{x_{ij}}{\sum_{i=1}^{n} x_{ij}} \tag{6-22}$$

假定 $x_{ij} \geqslant 0$，且 $\sum_{i=1}^{n} x_{ij} \geqslant 0$。

（2）计算第 j 项指标的熵值

$$e_j = -k \sum_{i=1}^{n} p_{ij} \ln(p_{ij}) \tag{6-23}$$

其中，
$$k > 0, e_j > 0$$

如果 x_{ij} 对于给定的 j 都相等，那么 $p_{ij} = \frac{1}{n}$，此时 $e_j = k\ln n$。

（3）计算指标 x_j 的差异性系数。对给定的 j，x_{ij} 的差异越小，则 e_j 越大，当 x_{ij} 全都相等时，$e_j = e_{\max} = 1(k = 1/\ln n)$，此时对被评价对象间的比较，指标 x_j 毫无作用；当 x_{ij} 差异越大时，e_j 越小，指标对被评价对象的比较作用越大。因此定义差异系数 $g = 1 - e_j, g_j$ 越大，越应重视该项指标的作用。

（4）确定权数，即取

$$w_j = \frac{g_j}{\sum_{i=1}^{m} g_i}, j = 1,2,\cdots,m \tag{6-24}$$

式中　w_j——归一化了的权重系数。

3. 拉开档次法

从几何角度看，n 个被评价对象可以看成是由 m 个评价指标构成的 m 维评价空间中的 n 个点（或向量）。寻求 n 个被评价对象的评价值（标量）就相当于把这 n 个点向某一维空间作投影。选择指标权系数，使得各被评价对象之间的差异尽量拉大，也就是根据 m 维评价空间构造一个最佳的一维空间，使得各点在此一维空间上的投影点最为分散，即分散程度最大。取极大型评价指标 $x_1, x_2, \cdots, x_m$ 的函数为被评价对象的综合评价函数，即

$$\boldsymbol{y} = w_1 x_1 + w_2 x_2 + \cdots + w_m x_m = \boldsymbol{w}^T \boldsymbol{x} \tag{6-25}$$

其中，
$$\boldsymbol{w} = (w_1, w_2, \cdots, w_m)^T, \boldsymbol{x} = (x_1, x_2, \cdots, x_m)^T$$

式中　$\boldsymbol{w}$——m 维待定正向量（其作用相当于权系数向量）；

　　　$\boldsymbol{x}$——被评价对象的状态向量。

如将第 i 个被评价对象 s_i 的 m 个标准观测值 $x_{i1}, x_{i2}, \cdots, x_{im}$ 代入式中，即得

$$y_i = w_1 x_{i1} + w_2 x_{i2} + \cdots + w_m x_{im}$$

若记

$$\boldsymbol{y}=\begin{bmatrix}y_1\\y_2\\y_3\\y_4\end{bmatrix},\quad \boldsymbol{A}=\begin{bmatrix}x_{11}&x_{12}&\cdots&x_{1m}\\x_{21}&x_{22}&\cdots&x_{2m}\\\vdots&\vdots&\vdots&\vdots\\x_{n1}&x_{n2}&\cdots&x_{nm}\end{bmatrix}$$

则式（6－25）可写成

$$\boldsymbol{y}=\boldsymbol{A}\boldsymbol{w} \tag{6-26}$$

确定权系数向量 $\boldsymbol{w}$ 的准则是能最大限度地体现出“质量”不同的被评价对象之间的差异。用数学语言表示就是求指标向量 $\boldsymbol{x}$ 的函数 $\boldsymbol{w}^T\boldsymbol{x}$，使此函数对 n 个被评价对象取值的分散程度或方差尽可能地大。

而变量 $\boldsymbol{y}=\boldsymbol{w}^T\boldsymbol{x}$ 按 n 个评价对象取值构成样本的方差为

$$s^2=\frac{1}{n}\sum_{i=1}^{n}(y_i-\bar{y})^2=\frac{\boldsymbol{y}^T\boldsymbol{y}}{n}-\bar{y}^2 \tag{6-27}$$

将 $\boldsymbol{y}=\boldsymbol{A}\boldsymbol{w}$ 代入式（6－27）中，并注意到原始数据的标准化处理，可知 $\bar{y}=0$，于是有

$$ns^2=\boldsymbol{w}^T\boldsymbol{A}^T\boldsymbol{A}\boldsymbol{w}=\boldsymbol{w}^T\boldsymbol{H}\boldsymbol{w} \tag{6-28}$$

其中，

$$\boldsymbol{H}=\boldsymbol{A}^T\boldsymbol{A}$$

式中　$\boldsymbol{H}$——实对称矩阵。

显然，对 $\boldsymbol{w}$ 不加限制时，式可取任意大的值，这里限定 $\boldsymbol{w}^T\boldsymbol{w}=1$，求式的最大值，也就是选择 $\boldsymbol{w}$，使得

$$\max\boldsymbol{w}^T\boldsymbol{H}\boldsymbol{w}$$

$$s.t.\begin{cases}\boldsymbol{w}^T\boldsymbol{w}=1\\\boldsymbol{w}>0\end{cases} \tag{6-29}$$

若取 $\boldsymbol{w}$ 为 $\boldsymbol{H}$ 的最大特征值所对应的标准特征向量时，取得最大值。

且若 $\boldsymbol{H}$ 为正方阵时，有唯一一个正的最大特征值 $\lambda_{\max}$ 及存在唯一一个与 $\lambda_{\max}$ 相对应的正的特征向量（设不考虑其正常数倍）。

4. 综合集成赋权法

该方法的原理是运用博弈论的方法根据主观权重和客观权重得出综合权重值，其基本思想是在不同的权重之间寻找一致或妥协，即极小化可能的权重跟

各个基本权重之间的偏差。

记 m 个权重向量 $\boldsymbol{W}^T[\boldsymbol{W}_i^T=(w_{i1},w_{i2},\cdots,w_{in})]$ 的组合为

$$\boldsymbol{W}=\sum_{i=1}^{m}a_i\boldsymbol{W}_i^T \tag{6-30}$$

式中　$\boldsymbol{W}$——基于基本权重集的一种可能的综合权重向量，它的全体 $\left\{\boldsymbol{W}|\boldsymbol{W}=\sum_{i=1}^{m}a_i\boldsymbol{W}_i^T,a_i>0\right\}$ 表示可能的权重向量集。因此，寻找最满意的权向量可归结为对式中的 m 个组合系数进行优化，优化目标是使 $\boldsymbol{W}$ 与各个 $\boldsymbol{W}_i$ 的离差的极小化。由此，导出的对策模型为

$$\min\left\|\sum_{i=1}^{m}a_i\boldsymbol{W}_i^T-\boldsymbol{W}_j^T\right\|_2,\ j=1,2,\cdots,m \tag{6-31}$$

式（6－31）是一组包含有多个目标函数的交叉规划模型，求解该模型能够获得一个跟多种权重赋值方法在整体意义上相协调、均衡一致的综合权重结果。

根据矩阵的微分性质，可得出式最优化的一阶导数条件为

$$\sum_{i=1}^{m}=a_i\boldsymbol{W}_j\boldsymbol{W}_i^T=\boldsymbol{W}_j\boldsymbol{W}_j^T \tag{6-32}$$

即

$$\begin{bmatrix}\boldsymbol{W}_1\boldsymbol{W}_1^T & \boldsymbol{W}_1\boldsymbol{W}_2^T & \cdots & \boldsymbol{W}_1\boldsymbol{W}_m^T\\ \boldsymbol{W}_2\boldsymbol{W}_1^T & \boldsymbol{W}_2\boldsymbol{W}_2^T & \cdots & \boldsymbol{W}_2\boldsymbol{W}_m^T\\ \vdots & \vdots & \vdots & \vdots\\ \boldsymbol{W}_m\boldsymbol{W}_1^T & \boldsymbol{W}_m\boldsymbol{W}_1^T & \cdots & \boldsymbol{W}_m\boldsymbol{W}_m^T\end{bmatrix}\begin{bmatrix}a_1\\a_2\\\vdots\\a_m\end{bmatrix}=\begin{bmatrix}\boldsymbol{W}_1\boldsymbol{W}_1^T\\\boldsymbol{W}_2\boldsymbol{W}_2^T\\\vdots\\\boldsymbol{W}_m\boldsymbol{W}_m^T\end{bmatrix} \tag{6-33}$$

运用 Matlab 软件求 $\boldsymbol{W}_j\boldsymbol{W}_i^T$，再求其逆矩阵为 $\mathrm{inv}(\boldsymbol{W}_j\boldsymbol{W}_i^T)$，最后用 $\boldsymbol{W}_j\boldsymbol{W}_j^T$ 乘逆矩阵得出 a_m，即综合集成权重。

第二节　高效节水灌溉项目效益评价指标体系构建

贵州高效节水项目效益评价指标体系的构建过程主要分为指标选取和指标赋权两大步。指标构建首先是收集相关资料，包括项目的可行性报

告、规划报告、实施报告、自评价报告、社会经济等资料，以及检索相关文献，了解典型项目区自然和社会经济基础信息。通过专家咨询法选取评价指标，根据所选指标的定性和定量特性赋分，然后分别运用主观赋权法、客观赋权法和综合集成赋权法给指标赋权，最后形成评价指标体系，如图 6－1 所示。

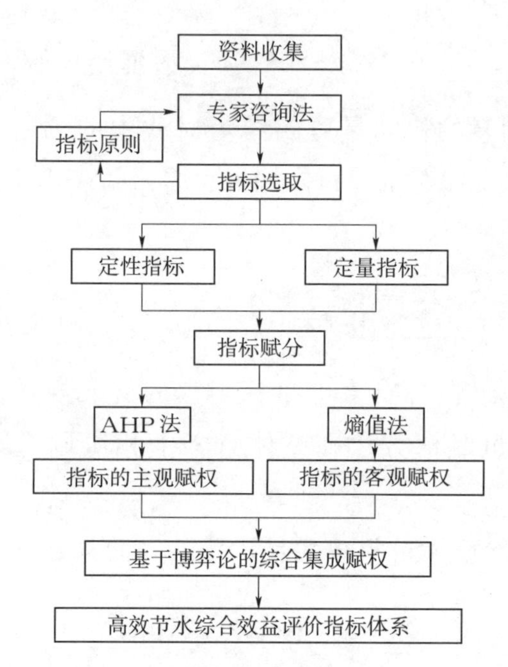

图 6－1　高效节水灌溉项目效益评价指标体系构建过程图

一、指标选取

指标选取指用每一个向量 x 来表示各系统的现状，各个向量按照所在层次位置构成评价系统的状况指标体系。具体是根据指标选取原则、效益评价目标及项目效益的特征，运用层次分析法划分系统，设计出效益指标调查表。采用专家咨询法向专家发函、征求意见。通过对专家评选结果的统计处理，确定一套较为科学合理的灌区效益评价指标体系。

1. *层次划分*

应用 AHP 法分析高效节水灌溉项目效益，把该项目效益条理化、层次化，构造出一个层次分析结构的模型。基于该项目目标，将效益作为目标层，在目标层下划分经济效益指标、社会效益指标、生态效益指标 3 方面准则层。再将准则层下划分包括 20 个方面的方案层，如图 6－2 所示。

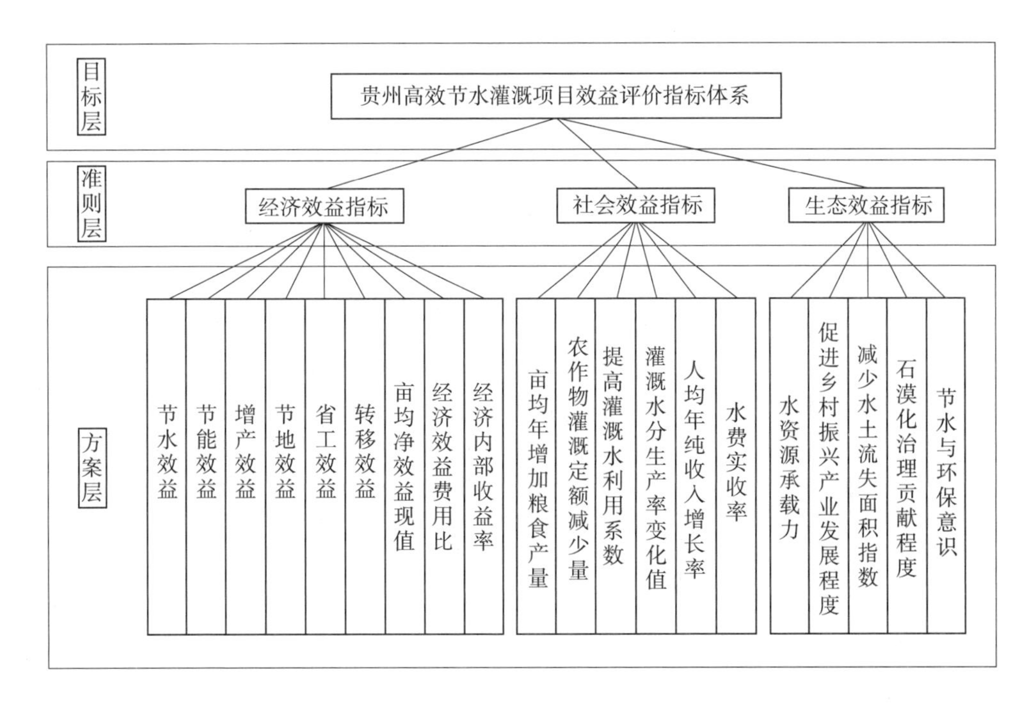

图 6-2　贵州高效节水灌溉项目效益评价指标体系结构图

2. 指标性质

根据已构建的高效节水灌溉项目效益评价指标体系，明确指标的定性和定量的属性和等级（表 6-3）。

表 6-3　　贵州高效节水灌溉项目效益指标属性与等级

一级指标	二级指标	三级指标	属性
高效节水灌溉项目效益评价	经济效益指标	节水效益	定量
		节能效益	定量
		增产效益	定量
		节地效益	定量
		省工效益	定量
		转移效益	定量
		亩均净效益现值	定量
		经济效益费用比	定量
		经济内部收益率	定量

续表

一级指标	二级指标	三级指标	属性
高效节水灌溉项目效益评价	社会效益指标	亩均年增加粮食产量	定量
		农作物灌溉定额减少量	定量
		提高灌溉水利用系数	定量
		灌溉水分生产率变化值	定量
		人均年纯收入增长率	定量
		水费实收率	定量
	生态效益指标	水资源承载力	定量
		促进乡村振兴产业发展程度	定性
		减少水土流失面积指数	定量
		石漠化治理贡献程度	定性
		节水与环保意识	定性

二、指标代征

1. 定性指标

（1）促进乡村振兴产业发展程度。高效节水灌溉作为农业产业发展的基础支撑，加快农业基础设施建设，改善农业生产条件，为农业结构调整提供良好的基础条件，加快农业结构调整的步伐，促进乡村振兴产业兴旺的发展。同时农业用水矛盾将会明显减少，不仅在一定程度上保证农作物各种生理活动所需的水分和加强农作物的某些生理活动，而且还能够创造一个适宜于农作物生长的生态环境，有利于作物的生长和发育，改善农产品品质。

（2）石漠化治理贡献程度。高效节水灌溉不仅节约水资源，提高了水资源承载力，而且减少大水漫灌造成的水土流失危害。在喀斯特脆弱的生态环境中，实施高效节水灌溉，解决了水资源短缺情况下人与水的矛盾问题，对经济发展落后且水土流失造成的石漠化治理地区整治失衡的生态环境具有一定的贡献程度。

（3）节水与环保意识。践行“绿水青山就是金山银山”的理念，是建设生

态文明、建设美丽乡村的根本遵循。深刻认识“节水优先、两手均衡”，及时总结推广生态文明建设实践的鲜活经验，对于当前加快生态文明体制改革，助推乡村振兴战略的实施有重要的理论和现实意义。

2. 定量指标

（1）节水效益。高效节水灌溉项目的实施，一方面提高灌溉水利用系数，使在输水过程中水量的损耗明显减少；另一方面通过合理控制作物的生理生态用水，降低作物的净灌溉定额，从而节省农业用水量。

（2）节能效益。在河流水量比较丰富，但灌区位置较高，修建其他自流引水工程困难或不经济时，一般采用抽水取水的方式，即通过泵站的运动把电能传给被抽的水流，使被抽的水流能量增加，以满足灌溉的要求。在提水灌溉中，电能的消耗量与灌溉水量有关。

（3）增产效益。项目工程的实施改善了农作物的灌溉条件，提高了灌溉保证率，增加了农产品产量，提高了农产品品质，增产效益显著。

（4）节地效益。使用工程节水技术后，输水渠道的水力条件较土渠好，其断面尺寸可以显著减小，输水渠道的堤顶宽度和边坡系数均可减小，从而减少了渠道占地，节省了土地。

（5）省工效益。用工包括管水用工、输水渠道的整修用工和清淤用工等，实施高效节水灌溉项目后，输、配水条件得到了很大的改善，体现为便于集中管理，而且输水速度快，灌溉效率高，灌水周期短，从而可以大大减少田间灌水的劳动量和劳动强度，明显地减少用工。

（6）转移效益。项目投资建成后，投资额转移成单方水产生的净效益。

（7）亩均净效益现值。亩均净效益现值是指利用社会折现率将项目计算期内的亩均净效益折算到基准年的现值之和，它是反映项目对国民经济所做贡献的一项指标。

（8）经济效益费用比。经济效益费用比通常简称益本比，指单位费用所获得的效益，它是从另一角度来衡量建设项目经济效果的一项技术经济指标。

（9）经济内部收益率。经济内部收益率就是分析期内总效益现值等于总费用现值时的折现率，或是净现值等于零时的折现率，指未回收投资所获得的利率，也指未偿还贷款所付的利率，用于衡量建设项目经济上是否

可行。

(10) 亩均年增加粮食产量。由于项目的实施提高了灌溉保证率，扩大了耕地面积，设计灌溉定额及灌水周期更加适合于作物生长需要，农作物的产量、质量都得到了提高。它是衡量项目区农民增产增收的重要指标之一。

(11) 农作物灌溉定额减少量。项目实施的目的就是通过使用高效节水灌溉技术，提高水利用系数，减少农作物的灌溉用水量。而农作物灌溉用水量的减少主要体现在两个方面：一是灌溉过程中的水分渗漏和地面流失的减少，通过水的利用系数体现；二是减少农田水分蒸腾蒸发损耗，即农作物的生理生态用水，体现在各作物的净灌溉定额上。

(12) 提高灌溉水利用系数。灌溉水利用系数是指项目区在输水、配水和灌水过程中的有效利用程度，为田间所需要的净流量（或净水量）与渠首引入流量（或水量）之比，或等于渠系水利用系数和田间水利用系数的乘积。

(13) 灌溉水分生产率变化值。灌溉水分生产率综合反映项目区的农业生产水平、灌溉工程状况和灌溉管理水平，直接地显示出在项目投入单位灌溉水量的农作物的产出效果。它可有效地把节约灌溉用水与农业产量结合起来，既可以避免片面地追求节约灌溉用水量而忽视农业产量的倾向，又可以防止片面地追求农业增产而不惜大量增加灌溉用水量的倾向。

(14) 人均年纯收入增长率。项目实施的最终目的就是改善和提高人民群众的生活水平，而与群众生活水平息息相关、最为重要的指标就是“人均年纯收入增长率”这一硬指标，它反映了人们群众生活水平的改善程度。

(15) 水费实收率。水费实收率指实收水费与应收水费的对比情况。这一指标不仅体现了项目实施对水价改革的促进作用，也体现了项目工程持续良性运转的态势。

(16) 水资源承载力。水资源承载力指设计灌溉保证率下可供灌溉水量所能承载的最大灌溉面积程度。在依靠现代科学技术和现代集约型的经济发展条件下，通过建立高效、节水、防污的社会经济模式，以达到水资源能长期满足社会经济和自然环境协调发展的需求，最终达到水资源承载能力和发展需求之

间的平衡。

（17）减少水土流失面积指数。土壤侵蚀是指土壤在各种自然因素和人为因素的影响下发生破坏和搬运的现象。自然因素指水力、风力和重力等的作用；人为因素指滥垦、滥伐和滥牧等不合理的生产活动。高效节水灌溉项目的实施可改善水力条件，减少水土流失。

第七章　案　例　分　析

第一节　镇宁布依族苗族自治县小型农田水利工程重点县项目

一、项目简介

镇宁布依族苗族自治县（以下简称“镇宁县”）地处贵州高原西南部，地理坐标为东经105°35′10″～106°00′50″，北纬25°25′19″～26°10′32″。县域东接安顺市、紫云自治县，南濒贞丰县、望谟县，西邻关岭自治县，北连六枝特区、普定县。全县总面积1720.6km^2，南北最长83km，东西最宽为34km。县政府所在地城关镇距省会贵阳市122km，距安顺市27km。

项目区位于打帮乡、良田镇、丁旗镇、城关镇、马厂镇、大山镇、沙子乡。打帮乡位于镇宁县西南部，距县城61km，国土面积74.6km^2，耕地面积5455亩，辖10个行政村，44个村民组，总人口9466人，农民人均纯收入3925元，农业以早熟蔬菜种植、畜牧养殖、水产品捕捞和经果林种植为主；良田镇位于镇宁县南端，乡政府驻地距县城86公里，是全县地域面积最大的乡，国土面积196.1km^2，辖21个行政村，97个村民组，86个自然寨，总人口19049人，现有耕地10974亩，主要农作物有甘蔗、玉米、水稻、经济作物等；城关镇位于镇宁县北部，是县城所在地，全镇国土面积119km^2，行政村48个，城市社区居委会4个，总人口8万余人，灌溉面积达4000亩；马厂镇位于镇宁县中西部，距县城29km，国土面积148.9km^2，耕地面积5600亩，辖15个行政村，75自然寨，总人口25800人；大山镇位于镇宁县北面，距县城10km，辖32个行政村，123个村民小组，98个自然村寨，总面积88.9km^2，耕地总面积20809亩。

项目区耕作及取水状况如图 7－1 所示。

图 7－1　项目区耕作及取水状况

二、项目实施情况

根据建设方案，2013 年项目区分布在镇宁县东南方向的江龙镇及朵卜陇乡茶园项目区以及南面的良田镇乐丰精品水果项目区（主要种植火龙果及李子），其中江龙镇茶园项目区 2885 亩，朵卜陇乡茶园项目区 2971 亩，良田镇乐丰村精品水果项目区灌溉面积 1420 亩。

2014 年项目区分布在镇宁县南面的良田镇及简嘎乡，共设计恢复及增加灌溉面积 6997 亩。良田镇及简嘎乡果蔬示范园项目区主要涉及：良田镇巧拥村，受益人口 1346 人；弄林村，受益人口 1085 人；乐丰村，受益人口 1508 人；简嘎乡简嘎村，受益人口 2156 人；播西村，受益人口 1355 人。

2015 年项目区分布在镇宁县东南方向的江龙镇一村二村、双龙洞村、竹新、骆家湾、马鞍村、水洞坝村、红岩等村、朵卜陇乡新苑村、白沙村以及西北面的丁旗镇杨柳村、石头村，共设计恢复及增加灌溉面积 8822 亩。

通过镇宁县 2013—2015 年小型农田水利重点县建设，专项资金共完成新建干渠 11.68km，支渠 26.23km，斗渠 21.43km，新建提水提灌站 13 座，卧式离心泵 26 套，变压器 13 套，10kV 输电线路 8.9km，500m^{3}高位水池 2 座，200m^{3}蓄水池 11 座，100m^{3}蓄水池 30 座；新建管道 288.51km，机井配套 13 座，恢复及增加灌溉面积 23095 亩，其中高效节水灌溉面积 14273 亩，灌溉保证率达 80%以上，灌溉水利用率达到 0.72。

镇宁县小型农田水利工程高效节水灌溉如图 7-2 所示。

图 7-2　镇宁县小型农田水利工程高效节水灌溉（李子和火龙果）

三、项目效益评价

工程项目分为 9 个项目区，总灌溉面积为 9336 亩，项目区内主要作物为火龙果和李子，机井配套项目区蔬菜主要种植萝卜。

（一）经济效益评价

项目实施后，有效地减少了灌溉水的输水损失，提高了水的利用系数，缓解了项目区的用水矛盾。

1. 节水效益

项目实施前，项目区内旱地大季种玉米，小季种蔬菜，复种指数为 2.0。玉米和蔬菜的原年均净灌溉定额分别为 155m³/亩和 120m³/亩。

项目实施后，灌区水田及旱地都在 80%的保证率下得到灌溉，农作物种植面积分别为水果 4728 亩、蔬菜 4608 亩。水果和蔬菜的现年均净灌溉定额分别为 40m³/亩和 100m³/亩。

通过测试，原渠系水利用系数只有 0.52，灌溉水利用系数为 0.42，而渠道防渗加固后，渠系水利用系数达到 0.75，灌溉水利用系数为 0.72。

根据上述数值，可计算得项目工程实施后，年均节水量 Δw 为

$$\Delta w=\frac{1}{0.42}\times(155\times4728+120\times4608)-\frac{1}{0.72}\times(40\times4728+100\times4608)$$

$$\approx 215.88(\text{万 m}^3)$$

项目区影子水价为 0.11 元/m³时，则年均节水效益 B_1 为

$$B_1 = 0.11 \times 215.88 \approx 23.75(万元)$$

2. 节能效益

项目工程实施后，减少了灌溉用水量，节约了提水电能。项目区单方水提水能耗量为 0.025kW·h/m^3，则节约能耗量 ΔN 为

$$\Delta N = 0.025 \times 215.88 \approx 5.40(万\ kW\cdot h)$$

分析确定得电力影子价格为 0.55 元/(kW·h)，则年均节能效益 B_2 为

$$B_2 = 0.55 \times 5.40 = 2.97(万元)$$

3. 增产效益

项目工程的实施改善了农作物的灌溉条件，提高了灌溉保证率，增加了农产品产量和提高了农产品品质，增产效益显著。

根据镇宁县农作物统计资料，照当前市场价格、贸易运费等因素，估算火龙果影子价格为 4.2 元/kg，李子影子价格为 2.5 元/kg，蔬菜影子价格为 2.8 元/kg；灌溉效益水利分摊系数取 0.45。则年均增产效益 B_3 为

$$B_3 = (2500 - 2400) \times 4728 \times 3.00 \times 0.45 + (170 - 110) \times 4608 \times 2.80 \times 0.45$$
$$\approx 98.66(万元)$$

4. 节地效益

渠道防渗衬砌后，缩小了过水断面，减少了占地面积。通过实测，原土渠的占地面积为 42 亩，项目工程实施后，渠道的占地面积为 38 亩，则节约土地面积 ΔS 为

$$\Delta S = 42 - 38 = 4(亩)$$

项目区平均每亩耕地产值为 1915 元，扣除农业成本 40%后，平均每亩耕地净效益为 1149 元，则年均节地效益 B_4 为

$$B_4 = 1149 \times 4 \approx 0.46(万元)$$

5. 省工效益

灌排系统提灌后，每年的沟渠清杂、整修和管水用工由原来的 0.89 工日/亩减为现在的 0.22 工日/亩，则节省工日 ΔG 为

$$\Delta G = (0.89 - 0.22) \times 9336 \approx 6255(工日)$$

项目区劳动力的影子价格为 25 元/工日，则年均省工效益 B_5 为

$$B_5 = 25 \times 6255 \approx 15.6(万元)$$

6. 转移效益

项目工程实施后，可节省农业用水 215.88 万 m^3。通过调查分析，计算得

转移后单方水产生的净效益为1.10元/m³，则转移效益B_6为

$$B_6 = 1.10 \times 215.88 \approx 237.47(\text{万元})$$

7. 亩均净效益现值

根据《水利建设项目经济评估规范》（SL 72—2013），该项目工程的综合经济使用期取为20年，社会折现率i取12%，基准点选为建设期初。

$$b_{净} = b_{总} - c_{总} = 1699.70 - 1214.07 = 485.63(\text{元}/\text{亩})$$

8. 经济效益费用比

$$R = b_{总}/c_{总} = 1699.70/1214.07 \approx 1.40$$

9. 经济内部收益率

通过试算法，可计算得内部收益率为24.60%。

10. 亩均年增加粮食产量

根据传统灌溉方法下、项目实施后各种作物的平均亩产，可计算出亩均年增加粮食产量Δy为

$$\Delta y = [(2500 - 2400) \times 4728 + (170 - 110) \times 4608]/9336 \approx 80.26(\text{kg}/\text{亩})$$

11. 农作物灌溉定额减少量

利用节水效益计算时的数值，可计算出主要农作物灌溉定额减少量为

$$\Delta m = [(155 - 100) \times 4728 + (120 - 40) \times 4608]/9336 \approx 67.34(\text{m}^3/\text{亩})$$

12. 提高灌溉水利用系数

通过测试，原土渠渠系水利用系数为0.52，灌溉水利用系数为0.42；渠道防渗后，渠系水利用系数达到0.75，灌溉水利用系数为0.72，则灌溉水利用系数提高值为

$$\Delta\eta = 0.75 \times 0.72 - 0.52 \times 0.42 \approx 0.32$$

13. 灌溉水分生产变化值

项目实施前后的年均总产量差额为74.93万kg，利用节水效益计算时的数值可计算出项目实施前后的年均总灌溉用水量差额为63.59万m³，则灌溉水分生产率变化值为

$$\Delta WP = 74.93/63.59 \approx 1.18(\text{kg}/\text{m}^3)$$

14. 人均年纯收入增长率

项目实施前，项目区内农民人均纯收入为3100元；项目实施后，区内农民人均纯收入为5447元，计算出人均年纯收入增长率为

$$\bar{R}=(5447-3100)/3100\times100\%\approx75.71\%$$

项目实施后年均效益净增值为364万元，年运行费1680.40万元，经济净现值453.38万元，经济效益费用比1.40，固定资产投资回收期10年。

社会经济效益评价，本项目对镇宁县打帮乡、良田镇小型水利设施的整修和完善，经过一系列工程措施，对提灌站和拦水坝进行新建和恢复，改造部分供水灌溉配套设施，工程建成后，项目建设新增和改善9336亩土地的灌溉，提高项目区的供水能力，满足农作物的灌溉用水需求，确保项目区粮食和经济作物增产、农业生产稳步、快速发展，增加农民收入，推动区域社会进步和经济发展。

（二）生态效益评价

该项目实施后，就能充分利用水资源，为各项灌溉工程、生态工程等提供水源，提高项目区耕地的产出率，使项目区农民经济收入逐步增长，农民才能自觉退出陡坡耕种，实施退耕还林还草工程，以实现减地不减收的目的，从而减少了对项目区地表和植被的破坏，有效地保护了水土资源，改善了生态环境。

第二节　惠水县涟江现代高效农业示范园区现代水利项目

一、项目概况

2013年惠水县以“5个100工程”为抓手，以工业化为动力，城镇化为载体，产业化为基础，按照工业化致富农民、城镇化带动农村、产业化提升农业“三化同步”发展的理念，着力培育现代农业，围绕抓好特色水果、时鲜蔬菜、花卉苗木“三大产业”出特色，按“一坝四线”的区域布局，推行“坝区农业上设施，山区农业调结构”，推进农业产业园、产业区、产业带建设。2013年5月惠水县委县人民政府发布《惠水县涟江现代高效农业示范园区建设总体规划》，规划园区功能为高产、高效的标准化种植业，在坝区大力发展以设施农业为支撑的高起点、广覆盖的现代花卉、蔬菜产业，在山区重点建设品牌化的精品水果和绿化苗木产业和城郊旅游业。

惠水县涟江现代高效农业示范园区位于贵州第一大坝——10万亩涟江大

坝，规划实施面积 30000 亩。园区包括涟江街道、好花红镇、濛江街道共 3 个镇（办），18 个行政村，总人口 54933 人，其中农业人口 52385 人，劳动力 31409 人；总面积 139.77km^2，耕地面积 4.717 万亩。

惠水县始终围绕着建设全省坝区园田化农业综合开发示范区以及重点产业化项目示范亮点这一规划目标，仅 2012 年，整合农业综合开发、土地整治等项目资金 4657 万元，实施高标准农田建设 3.4 万亩，完成水利干渠、灌溉支渠等田间渠道、机耕道、生产步道等基础设施建设，项目区基本实现了“路相通、渠相连、旱能灌，品种结构优化，农业科技含量较高，各项综合技术配套”的园田化农业综合开发示范区的规划目标，园区粮经比达到 40∶60。

惠水县涟江现代高效农业示范园区如图 7-3 所示。

图 7-3 惠水县涟江现代高效农业示范园区

二、项目实施情况

由于园区水利设施支撑能力不足，水资源配置的调蓄能力小，建设标准低，严重制约园区农业生产的发展。惠水县分三次实施了山区现代水利工

程，实施总面积 10820 亩，总投资 3335.26 万元。主要建设内容包括：灌溉工程，如新建提水泵站、铺设输水管道，精品打造 102 亩的自动灌溉；排涝工程，如新建排涝渠等；修复涟江河道生态，新建人行便桥和自动化控制展厅。

三、项目效益评价

（一）经济效益评价

项目建设分三期，涉及惠水县涟江大坝内滥泥寨片区、雅阳寨片区、卧龙坝片区、小龙坝片区和天鹅坝片区共计规划灌面 10820 亩，其中新增灌溉面积 2250 亩，改善灌溉面积 3480 亩；涟江河道生态修复 3.72km；三期实施方案共投资 3335.26 万元。

经济效益评价依据 2006 年国家发展改革委、建设部关于印发的《建设项目经济评价方法与参数（第三版）》（发改投资〔2006〕1325 号文）、2013 年水利部颁发的《水利建设项目经济评价规范》（SL 72—2013）（以下简称《评价规范》）。

项目年运行费用由职工工资及福利费、工程维护费、泵站运行期用电费、其他费用构成。

1. 职工工资及福利费

按职工人数 1 人，年工资 36000 元（含工资、奖金、津贴），职工福利费、工会经费、养老保险、医疗保险、工伤保险、失业保险和住房公积金分别按工资总额的 14%、2.5%、20%、8%、5.5%、2%和 10%计，则年职工工资及福利 5.83 万元。

2. 工程维护费

按《小型农田水利工程维修养护定额》（水总〔2015〕315 号）相关规定计算，为 $15/10000\times30.11\times1.1+965/10000\times34.4\times1\approx3.37$（万元），用于水源、渠道、管道的维护、大修等。

3. 泵站运行期用电费

根据项目区已建的泵站，运行期共有 1 个泵站抽水，根据泵机流量、电机功率、项目用水量、电价可计算出泵站在运行期的用电费为 3.766 万元，见表 7－1。

表 7-1 泵站运行期用电费用计算表工程

名称	泵站流量/($m^3 \cdot s^{-1}$)	电机功率/kW	用水量/万 m^3	抽水时间/天	用电量/(kW·h)	电价/[元·$(kW \cdot h)^{-1}$]	费用/元
卧龙坝提水泵站	0.185	220	6.84	356	99106	0.38	37660
小计/元				37660			

4. 其他费用

取固定资产投资的 0.1%为 3.33 万元。

以上合计年运行费为：16.296 万元。

(二) 工程效益分析

1. 灌溉效益

项目区所在地土地多为旱地，土壤类型多为黄壤，适宜蔬菜、花卉等生长。影响当地灌溉效益的主要因素是现有水利工程老化、工程性缺水问题严重及灾害性天气。该工程的效益主要为工程正常运行所产生的效益。

项目建成后可新增灌溉面积 2250 亩，改善灌溉面积 3480 亩。围绕园区蔬菜、花卉主导产业，重点推广蔬菜“一年四熟”“一年三熟”栽培种植模式，复种指数 2.0。项目区作物增产量见表 7-2，根据对项目区作物有水灌溉与无水灌溉的调查对比分析，水利分摊系数取 0.4，效益分析成果见表 7-3。

表 7-2 项目区作物增产量计算表

项目		蔬菜	花卉
改善灌面	面积/亩	3000	480
	增加单产/($kg \cdot 亩^{-1}$)	80	60
	年增产量/万 kg	24	2.88
新增灌面	面积/亩	2000	250
	增加单产/($kg \cdot 亩^{-1}$)	200	120
	年增产量/万 kg	40	3
	年总增产量/万 kg	69.88	

表 7-3　　项目区作物效益分析

序号	作物种类	年增产量/万 kg	影子价格/(元·kg^{-1})	总效益/万元	水利分摊系数	水利效益/万元	备注
1	蔬菜	24	3.00	72	0.4	28.8	改善
2	花卉	2.88	10.00	28.8	0.4	11.52	
3	蔬菜	40	3.00	120	0.4	48	新增
4	花卉	3	10.00	30	0.4	12	
合计		69.88		250.80		100.32	

2. 节水效益

项目建成后可新增灌溉面积2250亩，改善灌溉面积3480亩。灌区渠系水利用系数由现状的0.4～0.5提高到0.7～0.75，灌溉综合水利用系数现状0.43提高到0.71以上，年总节水15.7万 m^3，见表7-4。

表 7-4　　节水效益计算表

灌溉方式	种植结构	面积/亩	灌溉定额/(m^3·亩$^{-1}$)	改造前灌溉水利用系数	灌溉水利用系数	改造前用水量/万 m^3	改造后用水量/万 m^3	节水量/万 m^3
喷灌	蔬菜	5000	90.00	0.45	0.75	33.75	20.25	13.5
	花卉	730	100.00	0.45	0.75	5.48	3.29	2.20
合计		5730				39.23	23.54	15.7

3. 节地效益

项目采用渠道引水和管道输水对农作物进行灌溉，渠道走线改造部分用原渠道走线，管道采用浅埋式敷设，基本不占用耕地。

(三) 综合评价

1. 国民经济评价

国民经济评价是从国民经济整体利益出发，分析项目需要国家付出的代价和对国家的贡献，即分析其对国民经济的总效果。项目工程设计生产期30年，社会折现率8%。经计算经济净现值52.18万元，投资回收期15年，经济内部收益率10.5%，经济效益费用比1.2，可见该工程经济内部收益率大于社会折

现率8%，经济净现值大于零，经济效益费用比大于1.0，说明该工程国民经济评价合理可行。

2. 社会评价

惠水县降雨量丰富，但渠系和管道水利用率相当低，项目设计主要对降雨及有保障的水源加以利用，新建蓄水池及输水管道，铺设田间管道对灌区农作物进行灌溉，修建排涝渠。工程建成后，可新增灌溉面积2250亩，改善灌溉面积3480亩；可提高项目区的供水能力，满足农作物的灌溉用水需求，确保项目区经济作物增产、农业生产稳步、快速发展，增加农民收入，减少水事纠纷，增进社会和谐，促进农业经营模式由传统向集约化转变，推动区域社会进步和经济发展。

3. 生态效益

惠水县涟江现代高效农业示范园现代水利项目通过节水改造工程的实施以及农业合作用水协会的成立将进一步完善灌区的基础配套设施，改善灌区的生态环境，主要效益包括：减轻了旱涝灾害对灌区农作物的影响，增强了灌区抵御自然灾害的能力；减少了传统粗矿灌溉方式所造成的水、土、肥、药的流失。通过管道引水的方式将水从水源地引至灌区，大大减少了输水损失和灌水过程中的跑水、漏水现象，减少了水土流失，从而减少了化肥、农药的流失量，保护了灌区的生态环境。

（四）评价结论

该项目建设是一项发展现代农业、生态农业和科技农业的重要工程。经济效益显著，工程实施后可扩大灌溉面积，提高水资源的利用率和水分生产率，提高农艺节水意识，改善区域生态环境，具有良好的社会效益、经济效益和生态效益。

第三节 龙里县农业水价综合改革项目

一、项目简介

龙里县隶属于贵州黔南州，位于黔中腹地、苗岭山脉中段，黔南州西北。地形沿东北一西南纵向呈月牙形，南北长约73km，东西宽约36km，东邻贵定

县、福泉县，南接惠水县，西面与北面紧邻贵阳市。全县国土面积 1521km^2，现有耕地面积 44.36 万亩，其中有效灌溉面积 19.05 万亩，占全县耕地总面积的 42.94%。

2015 年，龙里县启动农业综合水价改革工作，制定《龙里县农业水价综合改革方案》并成为 2017 年省级改革试点县，计划利用四年的时间，改革工作覆盖全县 19.05 万亩农田有效灌溉面积，逐步建立起合理反映农业供水成本、有利于节水和农田水利工程良性运行的农业水价形成机制，并在 2017 年完成了 0.43 万亩农田的水价改革工作，收取水费 10 万余元。

龙里县水价综合改革项目示范区和用水户协会如图 7-4 和图 7-5 所示。

图 7-4　龙里县水价综合改革项目示范区

图 7-5　龙里县水价综合改革项目用水户协会

二、项目实施情况

龙里县2017年进行农业水价综合改革试点项目，项目区位于龙里县湾滩河镇羊场、湾寨社区、园区村、金批村、翠微村，1个镇、2个社区、3个村。项目区涉及摆绒水库灌区，灌区全部在湾滩河现代高效农业示范园区内，湾滩河农业园区是全省75个重点农业园区之一，园区基础设施逐步完善，以种植蔬菜为主，项目区灌溉水源为摆绒水库，水源有保障，骨干工程完善，灌区已建成基层管护机构。通过国土土地整理高标准农田建设项目、财政小型农田水利项目、土地开发等项目的实施，园区基地生产道路完善，土地平整连片，灌溉、排涝沟通健全，基地规范化率达100%。该灌区于2015年5月成立了湾滩河镇枧槽冲灌区用水户协会，于2015年6月成立了红岩灌区用水户协会组织，协会负责农民用水管理，工程维护和排灌用水电费收缴等。

摆绒水库灌区总灌溉面积8510亩，2017年水价改革的示范点只涉及灌溉面积4250亩，全部为蔬菜灌区，主要针对项目区末级管网配套设施的改造，通过用水户协会规范化建设及产权制度改革，落实项目管理主体，通过终端水价改革，建立合理水价形成机制推动农业灌溉节水。

三、项目效益评价

工程项目总灌溉面积为4250亩，项目区内主要作物为蔬菜。

（一）经济效益计算

1. 节水效益

项目实施前，项目区内旱地种蔬菜的原年均净灌溉定额为120m^3/亩。

项目实施后，灌区旱地都在80%的保证率下得到灌溉，农作物种植面积为蔬菜4250亩，现年均净灌溉定额分别为100m^3/亩。

通过测试，原渠系水利用系数只有0.60，灌溉水利用系数为0.40，而采用管道输水后，渠系水利用系数达到0.85，灌溉水利用系数为0.75。

计算得项目工程实施后，年均节水量Δw为

$$\Delta w=\frac{1}{0.40}\times 120\times 4250-\frac{1}{0.75}\times 100\times 4250\approx 70.83\text{（万 m}^3\text{）}$$

项目区影子水价为 0.11 元/m^3时，则年均节水效益 B_1 为

$$B_1 = 0.11 \times 70.83 \approx 7.79\ (万元)$$

2. 节能效益

项目工程实施后，减少了灌溉用水量，节约了提水电能。项目区单方水提水能耗量为 0.025kW·h/m^3，则节约能耗量 ΔN 为

$$\Delta N = 0.025 \times 70.83 \approx 1.77\ (万\ kW \cdot h)$$

分析确定得电力影子价格为 0.55 元/(kW·h)，则年均节能效益 B_2 为

$$B_2 = 0.55 \times 1.77 \approx 0.97\ (万元)$$

3. 增产效益

项目工程的实施改善了农作物的灌溉条件，提高了灌溉保证率，增加了农产品产量和提高了农产品品质，增产效益显著。

根据龙里县农作物统计资料，按照当前市场价格、贸易运费等因素，估算蔬菜影子价格为 2.5 元/kg；灌溉效益水利分摊系数取 0.45，则年均增产效益 B_3 为

$$B_3 = (170 - 110) \times 4250 \times 2.5 \times 0.45 \approx 28.69\ (万元)$$

4. 节地效益

渠道采用管道后，缩小了过水断面，减少了占地面积。通过实测，原土渠的占地面积为 5 亩，项目工程实施后，渠道的占地面积为 1 亩，则节约土地面积 ΔS 为

$$\Delta S = 5 - 1 = 4\ (亩)$$

项目区平均每亩耕地产值为 2000 元，扣除农业成本 40%后，平均每亩耕地净效益为 1200 元，则年均节地效益 B_4 为

$$B_4 = 1200 \times 4 = 0.48\ (万元)$$

5. 省工效益

灌排系统提灌后，每年的沟渠清杂、整修和管水用工由原来的 0.89 工日/亩减为现在的 0.22 工日/亩，则节省工日 ΔG 为

$$\Delta G = (0.89 - 0.22) \times 4250 = 2847.5\ (工日)$$

项目区劳动力的影子价格为 25 元/工日，则年均省工效益 B_5 为

$$B_5 = 25 \times 2847.5 \approx 7.12\ (万元)$$

6. 转移效益

项目工程实施后，可节省农业用水 35 万 m^3。通过调查分析，计算得转移后单方水产生的净效益为 1.10 元/m^3，则转移效益 B_6 为

$$B_6 = 1.10 \times 35 = 38.50(\text{万元})$$

7. 亩均净效益现值

根据《水利建设项目经济评估规范》（SL 72—2013），该项目工程的综合经济使用期取为 20 年，社会折现率 i 取 12%，基准点选为建设期初。

$$b_{净} = b_{总} - c_{总} = 885.5 - 373.2 = 512.3(\text{元} / \text{亩})$$

8. 经济效益费用比

$$R = b_{总} / c_{总} = 885.5/373.2 \approx 2.37$$

9. 经济内部收益率

通过试算法，可计算得内部收益率为 29%。

10. 亩均年增加粮食产量

根据传统灌溉方法下项目实施后各种作物的平均亩产，可计算出亩均年增加粮食产量 Δy 为

$$\Delta y = (170 - 110) \times 4250/4250 = 60\ (\text{kg/亩})$$

11. 农作物灌溉定额减少量

利用节水效益计算数值，可计算出主要农作物灌溉定额减少量为

$$\Delta m = (120 - 100) \times 4250/4250 = 10\ (\text{m}^3/\text{亩})$$

12. 提高灌溉水利用系数

通过测试，原土渠渠系水利用系数为 0.60，灌溉水利用系数为 0.40；渠道防渗后，渠系水利用系数达到 0.75，灌溉水利用系数为 0.85，则灌溉水利用系数提高值为

$$\Delta \eta = 0.75 \times 0.85 - 0.60 \times 0.40 \approx 0.40$$

13. 灌溉水分生产变化值

项目实施前后的年均总产量差额为 25 万 kg，利用节水效益计算时的数值可计算出项目实施前后的年均总灌溉用水量差额为 8.5 万 m^3，则灌溉水分生产率变化值为

$$\Delta WP = 25/8.5 \approx 3\ (\text{kg/m}^3)$$

14. 人均年纯收入增长率

项目实施前，项目区内农民人均纯收入为3000元；项目实施后，区内农民人均纯收入为5000元，计算出人均年纯收入增长率为

$$\bar{R}=(5000-3000)/3000\times100\%\approx66.67\%$$

15. 灌溉水费实收率

$$R=10/51\approx19.6\%$$

项目区建成后，受益面积达到4250亩蔬菜。由于项目区末级管网及配套设施得到有效改善，农业综合生产能力将大幅度提高。实施农业水价改革后使管道水利用系数由0.60提高到0.85以上，灌溉保证率由60%提高到80%以上，根据灌区改造前后灌溉水利用系数计算得年节水量35万m^3，生产能力提高10%以上。根据当地经济效益调查分析计算，可年净增产净效益80万元，经济效益十分可观。

（二）社会效益分析

项目建成后的社会效益主要为通过配套田间管网提高土地利用率和农业生产效率，增加有效耕地面积，提高耕地质量，增强农业发展后劲，促进农业生产向集约化、规模化、机械化的方向发展，有效提高作物产量，增加农民收入，将极大改善项目区农民的生产各生活条件。水价改革由于实行超定额用水加价，使用水户的节水意识普遍增强，促进了节约用水，并且减少水事纠纷，维护社会稳定。灌区计量设施配套和农民用水户协会成立后，直接负责田间管网（支渠）以下工程的维修和养护，并参与计量供水和调水灌溉，这种群管模式理顺了政府、管理部门和农民三者之间的关系，由于农民直接管理和参与，将大量减少甚至基本杜绝用水纠纷，促进农村社会的稳定。

（三）生态效益分析

项目的实施，将改变现有土地利用不充分、不合理的状态，使区内环境大为改善。通过管网配套改造，可改善灌排条件，减少水的渗漏损失，促进优化种植结构，保护水土，防止土地退化，增强土壤肥力，对项目区的防洪和防治水土流失产生极大的作用，使生态防护较之前更有规则，更有秩序。节水的同时，也将节约水下泄补充生态用水，将使十分脆弱的农业生态环境得到改善和提高，达到人与自然的和谐共存。

第四节　三穗县台烈生态农业试点项目

一、项目简介

三穗县台烈生态农业示范园区为2013年3月批准创建的贵州“5个100”工程的“100”个现代高效农业示范园区，2014年列入贵州重点园区建设。园区位于三穗县西南部，距县城15km，是三穗县南大门，也是三穗南端物质交流的集散地。园区位于台烈镇，东与本县八弓镇接壤，南跟长吉乡毗邻，西与剑河县岑松镇相依，北同镇远县报京乡相连。园区规划范围涉及八弓镇木界、青洞、桥头，台烈镇屏树、颇洞、寨坝、寨塘、寨滚、小台烈、寨头、上坪共11个村，规划总面积3.3万亩，核心区面积1.1万亩，主要涉及台烈镇屏树、颇洞、寨坝、小台烈、寨头村。园区总体设置现代农业展示区、三穗鸭科技示范区、精品果树种植区、农产品加工销售区及寨头民族村寨旅游区五大功能区。

二、项目实施情况

贵州山区现代水利三穗县台烈生态农业试点项目主要任务是解决三穗县台烈生态农业示范园区内颇洞村片区700亩产业园自动化信息控制问题，并在园区内修建人行便道和新建一座翻板坝以完善该片区的景观打造设施。工程主要完成的建设内容为：新建翻板坝1座，新建机耕及人行便道999.14m，87m河道两岸水保修复，新建水利信息化中心控制室60m^2，水利信息化与自动化工程一套，完成工程投资492.62万元。

三穗县山区现代水利工程如图7-6～图7-9所示。

三、项目效益评价

（一）经济效益计算

项目实施后，有效地减少了灌溉水的输水损失，提高了水的利用系数，缓解了项目区的用水矛盾。

1. 节水效益

项目区内种水果和蔬菜，种植面积分别为300亩和400亩。项目实施前，

图 7-6　三穗县山区现代水利喷灌工程

图 7-7　三穗县山区现代水利微喷灌工程

图 7-8 三穗县山区现代水利翻板坝工程

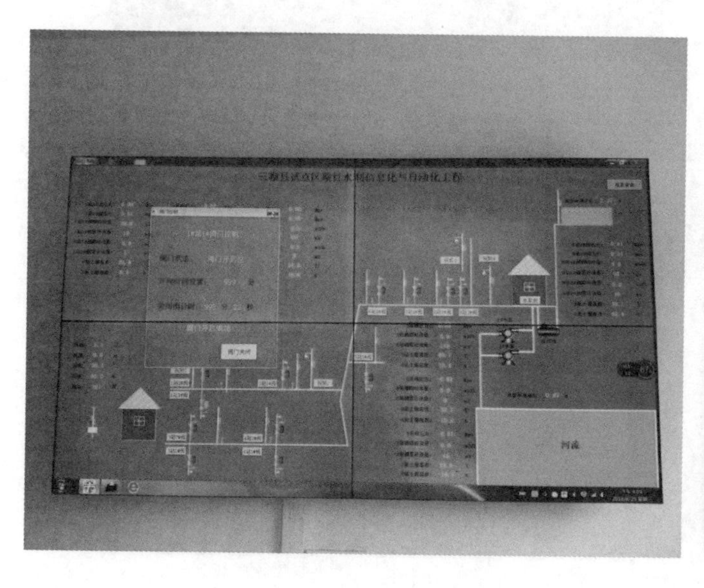

图 7-9 三穗县山区现代水利自动化远控工程

水果和蔬菜的原年均净灌溉定额分别为 $100m^3$/亩和 $120m^3$/亩。项目实施后，灌区水田及旱地都在 80%的保证率下得到灌溉，水果和蔬菜的现年均净灌溉定额分别为 $50m^3$/亩和 $60m^3$/亩。

通过测试，原渠系水利用系数只有 0.50，灌溉水利用系数为 0.40，而采用管道输水后，渠系水利用系数达到 0.85，灌溉水利用系数为 0.75。

计算得项目工程实施后年均节水量 Δw 为

$$\Delta w = \frac{1}{0.40} \times (100 \times 300 + 120 \times 400) - \frac{1}{0.75} \times (50 \times 300 + 60 \times 400)$$

$$= 14.3 \text{（万 } m^3\text{）}$$

项目区影子水价为 0.11 元/m^3时，则年均节水效益 B_1 为

$$B_1 = 0.11 \times 14.3 \approx 1.57 \text{（万元）}$$

2. 节能效益

项目工程实施后，减少了灌溉用水量，节约了提水电能。项目区单方水提水能耗量为 0.025kW·h/m^3，则节约能耗量 ΔN 为

$$\Delta N = 0.025 \times 14.3 \approx 0.36 \text{（万 kW·h）}$$

分析确定得电力影子价格为 0.55 元/(kW·h)，则年均节能效益 B_2 为

$$B_2 = 0.55 \times 0.36 \approx 0.20 \text{（万元）}$$

3. 增产效益

项目工程的实施改善了农作物的灌溉条件，提高了灌溉保证率，增加了农产品产量和提高了农产品品质，增产效益显著。

根据镇宁县农作物统计资料。照当前市场价格、贸易运费等因素，估算水果影子价格为 3.0 元/kg，蔬菜影子价格为 2.8 元/kg；灌溉效益水利分摊系数取 0.45。则年均增产效益 B_3 为

$$B_3 = (1700 - 1500) \times 300 \times 3.00 \times 0.45 + (260 - 220) \times 400 \times 2.8 \times 0.45$$

$$\approx 10.1 \text{（万元）}$$

4. 节地效益

渠道防渗衬砌后，缩小了过水断面，减少了占地面积。通过实测，原土渠的占地面积为 3 亩，项目工程实施后，管道的占地面积为 0.5 亩，则节约土地面积 ΔS 为

$$\Delta S = 3 - 0.5 = 2.5(\text{亩})$$

项目区平均每亩耕地产值为2000元，扣除农业成本40%后，平均每亩耕地净效益为1200元，则年均节地效益B_4为

$$B_4 = 1200 \times 2.5 = 0.30(\text{万元})$$

5. 省工效益

灌排系统提灌后，每年的沟渠清杂、整修和管水用工由原来的0.89工日/亩减为现在的0.22工日/亩，则节省工日ΔG为

$$\Delta G = (0.89 - 0.22) \times 700 = 469(\text{工日})$$

项目区劳动力的影子价格为25元/工日，则年均省工效益B_5为

$$B_5 = 25 \times 469 \approx 1.17(\text{万元})$$

6. 转移效益

项目工程实施后，可节省农业用水14.3万m^3。通过调查分析，计算得转移后单方水产生的净效益为1.10元/m^3，则转移效益B_6为

$$B_6 = 1.10 \times 14.3 = 15.73(\text{万元})$$

7. 亩均净效益现值

根据《水利建设项目经济评估规范》(SL 72—2013)，该项目工程的综合经济使用期取为20年，社会折现率i取12%，基准点选为建设期初。

$$b_{\text{净}} = b_{\text{总}} - c_{\text{总}} = 1275.5 - 637.62 \approx 638(\text{元}/\text{亩})$$

8. 经济效益费用比

$$R = b_{\text{总}} / c_{\text{总}} = 1275.5/637.62 \approx 2$$

9. 经济内部收益率

通过试算法，可计算得内部收益率为20%。

10. 亩均年增加粮食产量

根据传统灌溉方法下项目实施后各种作物的平均亩产，可计算出亩均年增加粮食产量Δy为

$$\Delta y = [(1700 - 1500) \times 300 + (260 - 220) \times 400]/700 \approx 108.57(\text{kg}/\text{亩})$$

11. 农作物灌溉定额减少量

利用节水效益计算时的数值可计算出主要农作物灌溉定额减少量为

$$\Delta m = [(100-50)\times 300+(120-60)\times 400]/700 \approx 55.71(\mathrm{m}^3/\text{亩})$$

12. 提高灌溉水利用系数

通过测试，原渠系水利用系数只有 0.50，灌溉水利用系数为 0.40，而采用管道输水后，渠系水利用系数达到 0.85，灌溉水利用系数为 0.75。

$$\Delta\eta = 0.75\times 0.85-0.50\times 0.40\approx 0.44$$

13. 灌溉水分生产变化值

项目实施前后的年均总产量差额为 6 万 kg，利用节水效益计算时的数值可计算出项目实施前后的年均总灌溉用水量差额为 3.9 万 m^3，则灌溉水分生产率变化值为

$$\Delta WP = 6/3.9 \approx 1.54(\mathrm{kg/m}^3)$$

14. 人均年纯收入增长率

项目实施前，项目区内农民人均纯收入为 2800 元；项目实施后，区内农民人均纯收入为 4500 元，计算出人均年纯收入增长率为

$$\bar{R} = (4500-2800)/2800\times 100\% \approx 60.71\%$$

（二）社会效益评价

项目产生的社会效益包括：①高效节水灌溉工程实施根据作物生长的需要进行灌溉，不仅节约了水资源，也为作物生长提供科学的需水量，加上园区水肥一体自动化灌溉和远程控制系统，方便农民种植的管理，增加园区作物的产量和品质，全面提高农业综合生产能力和农产品市场竞争力，大幅度增加农民收入；②生产便道和翻板坝的修建改变了园区景观，方便农业发展的同时，也带动了当地旅游业的发展，促进园区效益的增长；③水价改革的推动，园区效益好、农民收入高，企业和农户愿意缴纳水费，体升了水费实收率，有利于水利工程的维护管理，使得水利工程良性运行。

三穗县（台烈）试点区山区现代水利，以水资源高效配置、“建管养用”一体自动化建设为重点，以高效节水灌溉和自动化、信息化为技术方向，积极探索具有贵州特色的山区水利现代化道路，为农业园区提升科学化、现代化、自动化的水利基础条件，补齐农业供给侧发展的短板。

（三）生态效益评价

项目产生的生态效益包括：①园区通过农田水利、土地、道路和周边环境

的统一规划改造与综合治理，形成了农田标准化的新格局，不仅增加绿地覆盖率，美化了田园，优化了环境，还提高了区域内农田抵御自然灾害的能力；②园区通过科学规划，合理利用自然资源，推广农作物标准化栽培技术、测土配方施肥技术、病虫统防统治和绿色防控技术，应用高效、低毒、低残留农药，可大大改善园区的生态环境。

参 考 文 献

[1] 郑肇经．中国水利史［M］．北京：商务印书馆，1998.

[2] 韩振中，闫冠宇，刘云波，等．大型灌区续建配套与节水改造评价指标体系的研究［J］．中国农村水利水电，2002（7）：17-21.

[3] 钱蕴壁，李英能，杨刚，等．节水农业新技术研究［M］．郑州：黄河水利出版社，2002.

[4] 何淑媛．农业节水综合效益评价指标体系与评估方法研究［D］．南京：河海大学，2005.

[5] 杜栋，庞庆华，吴炎．现代综合评价方法与案例精选（第二版）［M］．北京：清华大学出版社，2008.

[6] 张文浩，安中仁，等．水利建设项目后评价［M］．北京：中国水利水电出版社，2008.

[7] 贵州省水利厅，贵州省大型灌区续建配套与节水改造规划报告（2009—2020年）［R］．2008.

[8] 王群，张和喜．贵州农业节水技术研究进展［J］．广东农业科学，2009（11）：252-254.

[9] 王书吉，费良军，雷雁斌，等．两种综合赋权法应用于灌区节水改造效益评价的比较研究［J］．水土保持通报，2009，29（4）：138-142.

[10] 王书吉．大型灌区节水改造项目综合后评价指标权重确定及评价方法研究［D］．西安：西安理工大学，2009.

[11] 蔡长举，王玉萍，王群，等．贵州省灌溉水利用系数现状分析研究［J］．节水灌溉，2010（10）：81-83.

[12] 蔡长举，王群，张和喜，等．黔中水稻灌区灌溉水利用有效利用系数年际变化分析［J］．安徽农业科学，2011，39（30）：18630-18639.

[13] 杨静，张和喜，蔡长举，等．贵州省节水灌溉发展现状及对策［J］．中国农村水利水电，2012（7）：29-37.

[14] 王鹏，王群，商崇菊，等．安西灌区节水改造中取得的成效及存在的问题研究［J］．中国农村水利水电，2012（9）：24-26.

[15] 沈德富．清代贵州农田水利研究［D］．昆明：云南大学，2012.

[16] 李小红．中国农村治理方式的演变与创新［M］．北京：中央编译出版社，2012.

[17] 邵东国，过龙根，王修贵，等．水肥资源高效利用［M］．北京：科学出版社，2012.

[18] 郭亚军．综合评价理论、方法及拓展［M］．北京：科学出版社，2012.

[19] 郭唐兵．我国农田水利供给的有效性研究［D］．昆明：云南财经大学，2013.

[20] 雷薇，张和喜，王鹏．贵州大型灌区续建配套与节水改造发展现状及对策研究[J]．中国农村水利水电，2014（7）：48－51.

[21] 雷薇，张超，周文龙．贵州省水利建设、生态建设和石漠化治理的耦合性［J］．水土保持通报，2015（8）：258－262.

[22] 徐卫红．水肥一体化实用新技术［M］．北京：化学工业出版社，2015.

[23] 杨超．贵州山区现代化水利自动化与信息化建设模式研究［J］．北京农业，2015（9）：111－113.

[24] 雷薇，张超，王永涛，等．贵州大型灌区续建配套与节水改造综合效益指标体系构建研究［J］．节水灌溉，2016（2）：88－91.

[25] 王正芬，陈桂珍．建设工程项目经济分析与评价［M］．成都：西南交通大学出版社，2016.

[26] 周魁一．水的历史审视——姚汉源先生水利史研究论文集［M］．北京：中国书籍出版社，2016.

[27] 陈娟．高效节水灌溉项目后评价技术研究［D］．扬州：扬州大学，2016.

[28] 贵州省水利科学研究院．贵州省中型灌区节水配套改造“十三五”规划［R］．2016.

[29] 贵州省水利科学研究院．贵州山地现代高效节水灌溉技术集成服务企业行动计划报告［R］．2016.

[30] 贵州省统计局，国家统计局贵州调查总队．贵州统计年鉴2017［M］．北京：中国统计出版社，2017.

[31] 张和喜，王永涛，李军，等．山区现代水利自动化与信息化系统［M］．北京：中国水利水电出版社，2017.

[32] 黄翠，朱尚白，伍宏．贵州省高效农业示范园区山区现代水利试点工程建设［J］．乡村科技，2017（4）：91－93.

[33] 阮清波．山丘坡地高效节水灌溉实用新型技术［M］．北京：中国水利水电出版社，2017.

[34] 贵州省水利厅．贵州省“十三五”高效节水灌溉总体方案［R］．2017.

[35] 贵州省农业委员会．贵州省“十三五”现代山地特色高效农业发展规划［R］．2017.

[36] 中央农村工作领导小组办公室．国家乡村振兴战略规划（2018—2022年）［R］．2018.

[37] 喻兴铸．水利扶贫政策解读——聚焦水利扶贫工作中存在的问题及解决措施［R］．2018.

[38] 冯俊锋．乡村振兴与中国乡村治理［M］．成都：西南财经大学出版社，2018.

[39] 雷薇．贵州省水利精准扶贫实施评价指标体系研究［J］．贵州水利水电，2018（1）：35－38.

[40] 史源，李益农，白美健．现代化灌区高效节水灌溉工程建设投融资及管理运行机制探讨［J］．中国水利，2018（1）：50－52.

[41] 邓蓉．试论我国的乡村振兴战略［J］．现代化农业，2018（3）：5-6.
[42] 蒋婵．乡村振兴，"兴"在何处［J］．人民论坛，2018（4）：80-81.
[43] 常全利．贵州铜仁社会主义新农村建设水利扶贫试点做法与启示［J］．中国水利，2015（23）：28-30.